改訂版

ポイントで学ぶ
科学英語論文の書き方

小野 義正 著

丸善出版

まえがき

　この本は，2001年に出版した『ポイントで学ぶ 科学英語論文の書き方』の改訂版である．もとの本は日立の研究所での新人教育，新任研究員の教育のために行った講義をベースにまとめたものである．出版後，この本をもとに講義ノートをつくり，理工系大学院（東京大学大学院工学系研究科，北海道大学大学院工学研究科，東京工業大学大学院総合理工学研究科，筑波大学大学院数理物質科学研究科，大阪市立大学大学院工学研究科，上智大学大学院理工学研究科，明治大学大学院理工学研究科など）で「英語論文の書き方」の講義をしてきた．これら講義のフィードバック（学生からの質問，英語論文のレポートの添削など）から日本人理工系学生の英語および英語論文の書き方に関する弱点がはっきりと見えてきた．自分自身も参考文献に示す科学技術英語に関する論文・本などから英語論文執筆に関するさらなる知識を吸収し，また自分が執筆した英語論文の英語のネイティブ・スピーカーによる添削から多くのことを学んできた．これらの内容を入れて改訂版を執筆した．

　科学者・技術者にとって，英語で論文を書き論文誌に発表することは，研究・開発そのものと同じくらい重要な作業である．しかし，英語論文を書くことは，下に示すように才能ではなく技量（skill）である．

　　Writing is a skill, like golf. Some people are naturally good at it, most are not,
　　but all can improve with practice, especially if guided by proper instruction.

　これの意味することは，どのように書くかの知識をもつと同時に，書く練習をしなくてはならないことである．また適切な指導によって導かれればさらに効果が上がると述べている．すなわちコツを押さえて適切な訓練をすれば，英語による表現力が修得でき，英語圏のみならず世界の研究者・技術者に的確に理解される論文が書けるようになる．そのためには，彼らの考え方の基になっている「英語の論理」に沿って，「英語的発想」で英語論文を書くことが必要となる．

　「日本語の発想」で日本語で論文原稿を書き，それを和英辞典を用いて一字一句英語に翻訳したものをよく見かける．これでは，一つ一つの文を取り出せば文法的には正しいかもしれないが，論文全体としては何を言いたいのかわからない文章や反対の意味になってしまう文章ができてしまう．このため，研究の内容とは無関係に，論文を読んでもらえない，読んでも誤解されてしまう，ということが起こり，論文掲載を拒否されてしまうことになる．この対策としては「英語的発想」を知ることによって，英語に対するセンスを磨いて，わかりやすい科学英語論文が書けるようにすることで

ある．この本を適切な指導（ガイド）として使って，どんどん英語論文を執筆していただきたい．

今までの研究生活を振り返ると，論文を英語で書くことには散々苦労してきたし，今でも苦労しており，完成した最終原稿は必ず英語のネイティブ・スピーカーによる添削（ネイティブ・チェック）を受けることにしている．その結果，いまだに冠詞の使い方，名詞の単数・複数表現，前置詞の使い方などの間違いを指摘され，なるほど正しい英語とはこういうものか，英語のニュアンスとはこういうものかと思い知らされている．これら日本人研究者・技術者に共通する英語の問題点とその対策については，改訂版で詳述した．

本書の使い方について一言述べておく．英語として間違った，または不適切な表現の前には×をつけ，修正した英語らしい表現を➡で示した．また最初から適切な表現の前には○をつけてある．英語については，スペリングその他を米国式（American English）に統一するように努めた．今後，日本の研究者や技術者にとってAmerican Englishで論文を書く機会が多いと思うからである．

本書執筆にあたり，巻末に挙げた多くの本を参照させていただいた．各筆者には，ここで深い感謝の意をささげる．終わりにのぞみ，講義ノートを丁寧に読んで，間違い・勘違いなどを指摘していただいた上智大学の篠田愛理先生と，本書改訂の機会を与えてくださった丸善出版株式会社の佐久間弘子氏に感謝する．

2016年5月

小野義正

目　次

1. **英語論文を書くうえでの基本の心構え** ─────────── 1
   - 1.1　研究者が論文を書く意義　1
   - 1.2　科学・技術英語論文（Technical Writing in English）の構成要素　1
   - 1.3　論文の執筆計画（Planning a Paper）　2
   - 1.4　科学・技術英語論文（Technical Writing in English）の作成　3
     - 1.4.1　Technical Writing in English の定義　3
     - 1.4.2　Technical Writing in English の目的　3
     - 1.4.3　Technical Writing in English の特徴　3

2. **日本人英語の欠点と改善策** ─────────────────── 6
   - 2.1　日本人英語が通じない理由　6
   - 2.2　日本人英語の改善策　6
     - 2.2.1　和文英訳するな，直接「英文ライティング」せよ　6
     - 2.2.2　「抽象的な表現」を避けて，「具体的」に書く　7
     - 2.2.3　「逃げの余地を残しておく」ことはやめて，「SVO」ではっきり書く　7
     - 2.2.4　受動態表現を避け，能動態で書く　7
     - 2.2.5　「長い文章」は避けて，「短い文章」にする　8
     - 2.2.6　「意味のない儀礼的表現」は避けて，「明確」に書く　8
     - 2.2.7　「察してくれることを期待」しないで「はっきり」言う　9
     - 2.2.8　事実と意見は別の文章で書く　10

3. **科学・技術英語の書き方（日本語から英語へ）** ─────── 11
   - 3.1　翻訳はするべからず　11
   - 3.2　和文和訳して，簡潔な物主構文へ　11
     - 3.2.1　If 節や When 節の名詞を主語にせよ　11
     - 3.2.2　「〜では」「〜には」は 〜 を主語とせよ　12
     - 3.2.3　「〜の結果」は as a result だけではない　13
   - 3.3　「英語活用メモ」を作り，英借文する　13
   - 3.4　本文を直接英文で書けない場合の対応策　14
   - 3.5　英語自体よりも論理の方が大切　15

4. **わかってもらえる論文は「英語の発想」で書く**
   （日本語と英語の発想法の違いに注意せよ） ─────── 16
   - 4.1　文の構造と文章の流れ（Leggett's Trees）　16
   - 4.2　英語の基本は三拍子（パラグラフ・ライティング）　17

   4.2.1 Introduction（序論，導入部） 18
   4.2.2 Body（本論，本体部分） 18
   4.2.3 Conclusion（結論，まとめ） 19
   4.2.4 日本語の「段落」と英語の「パラグラフ」は違う 19
   4.2.5 英語の小論文（エッセイ）の書き方 vs. 日本語のエッセイの書き方 20
  4.3 読みやすい英語論文を書く 20
   4.3.1 読みやすい英語を書くための基本方針 20
   4.3.2 文をつなげて文章に 20
   4.3.3 トピックを直前文から引き継ぐ 21
   4.3.4 旧情報は前に，新情報は後に 22
  4.4 起承（転）結はやめよう 22
  4.5 日本語の構造 vs. 英語の構造 23
   4.5.1 「理由を先に，結論を後に」vs.「結論を先に，理由を後に」 23
   4.5.2 日本語の構造（△型）vs. 英語の構造（▽型） 24
   4.5.3 日本語：後方重心型（△） 24
   4.5.4 英語：前方重心型（▽）（まず概論を述べてから，詳細に入る） 24
   4.5.5 広告を例にとった日本語と英語の違いの比較 25
  4.6 あいまいな表現は英語にならない 25
   4.6.1 日本語では明確な表現を避ける 25
   4.6.2 否定形を多用するよりも，肯定形で明瞭に表現する 26
   4.6.3 may や might は使わない 27
  4.7 はっきり言い切る英語――英語のネイティブ・スピーカーにわかってもらえる英文を書く 28

5　英語論文の書き方　29

  5.1 わかってもらえる英語論文執筆のポイント 29
  5.2 英語論文執筆の順序 29
  5.3 科学・技術英語論文の書き方に関する基本的な注意 31
   5.3.1 中心の主題を一つに限定し，全体を統一する 31
   5.3.2 読者の立場に立って書く 31
   5.3.3 嫌がらずに何度でも書き直す 31
   5.3.4 準備は細心に，しかし最初の原稿は大胆に 32
   5.3.5 概括的なこと・興味を引きそうなことは，なるべく前に 32
  5.4 英語論文の構成（IMRAD 方式） 32
  5.5 英語論文の各構成項目の書き方 34
   5.5.1 表題（Title） 35
   5.5.2 著者と所属（Authors and Affiliations） 36
   5.5.3 著書抄録（Abstract） 36
   5.5.4 著者抄録と序論で用いる略語の使用法 37

5.5.5　序論（Introduction）　39
5.5.6　本論（Materials and Methods または Theory and Experiment）　40
5.5.7　結果（Results）　41
5.5.8　考察（Discussion）　42
5.5.9　結論（Conclusion）　43
5.5.10　謝辞（Acknowledgments）　44
5.5.11　引用文献（参考文献）（References）　44
5.5.12　図と表（Figures and Tables）　46
5.5.13　付録（Appendix）　49

6　辞書の使い方 _____ 50

6.1　発信型英和辞典――英文を書くための辞書　50
6.2　発信型英和辞典の特長　51
6.3　和英辞典の使い方　53
6.4　辞書の使い方　54
6.5　辞書は「生鮮食料品」：買い替えが必要　55
6.6　英英辞典を使おう　57
6.7　大型英和辞典，英和活用辞典　60
6.8　英語辞典の購入指針　61

7　明確な英語論文を書くテクニック（作文技術）_____ 62

7.1　文頭（Beginning of Sentences）　62
7.2　数（Numbers）と数値（Numerical Values）　63
7.3　一貫性のある論文を書く　66
　　7.3.1　用語の統一（同じ事柄は同じ表現で）　66
　　7.3.2　同文中に一般的な言葉を繰り返して使わない　66
　　7.3.3　同一文内では主語を変えない　67
　　7.3.4　リスト項目の一貫性（並列構造）　67
　　7.3.5　つづりの統一（米国式か英国式か）　71
　　7.3.6　主語と述語動詞の一致　73
7.4　短い，簡潔な文（Simple Sentences）を書く　74
　　7.4.1　一つの文には一つの情報を　74
　　7.4.2　平均語数を20語以下にする　75
　　7.4.3　重要なアイデアは新しい文章で書く　76
7.5　受動態を避け，能動態で書く　77
　　7.5.1　科学・技術論文では，能動態を使う　77
　　7.5.2　受動態➡能動態に書き直すテクニック　79
7.6　修飾する節や句は修飾対象のすぐ近くに　79

- 7.7 関係代名詞 that と which の使い分け方　82
- 7.8 あいまいな表現を避け，はっきりと具体的に書く　82
- 7.9 文意を明確にする言葉（連結語）を使う　83
    - 7.9.1 連結語の使用例　84
    - 7.9.2 連結語の機能による分類と語句の例　84
    - 7.9.3 連結語の使い方　85
- 7.10 不必要な単語・表現は省く　85
    - 7.10.1 意味が同じならば長い語よりも短い語を使う　86
    - 7.10.2 Pretentious Words（もったいぶった言葉）→ Simple Words（簡潔な言葉）　86
    - 7.10.3 不要な言葉を省く　86
- 7.11 日本人に多い間違いを直す　90
- 7.12 適切な英文を書くための句読法の使い方　93
    - 7.12.1 スペース　93
    - 7.12.2 コロン（:）　94
    - 7.12.3 セミコロン（;）　95
    - 7.12.4 ピリオド（.）　96
    - 7.12.5 コンマ（,）　97
    - 7.12.6 ハイフン（-）　97
    - 7.12.7 括弧（( )）　98
    - 7.12.8 数値の範囲，数値と単位の示し方　99

8 英文を書くときに心がけておくべき文法的事柄　100

- 8.1 動詞の適切な時制　100
    - 8.1.1 現在形で書くか，過去形で書くか　100
    - 8.1.2 現在形で書いた場合と過去形で書いた場合のニュアンスの違い　101
    - 8.1.3 現在形と過去形の使い方（まとめ）　102
    - 8.1.4 現在完了形の使い方　102
- 8.2 冠詞の使い方　103
    - 8.2.1 不定冠詞（a, an）の使い方　104
    - 8.2.2 定冠詞（the）の使い方　105
    - 8.2.3 冠詞の省略法　106
    - 8.2.4 固有名詞と冠詞　107
- 8.3 名詞の使い方　107
    - 8.3.1 可算名詞（Countable Nouns）　108
    - 8.3.2 不可算名詞（Uncountable Nouns）　108
    - 8.3.3 可算と不可算の両方の性質をもつ名詞　110
    - 8.3.4 単数形で用いるか，複数形で用いるか　111
    - 8.3.5 不可算名詞に対する代用加算名詞　112

- 8.3.6 紛らわしい不可算名詞（決して"s"の付かない単語） 112
- 8.3.7 紛らわしい不可算名詞（特別な意味においては"s"を付けうる単語） 114
- 8.4 False Friends（カタカナ英語）に注意 115
  - 8.4.1 英語をそのままカタカナ語にした言葉 115
  - 8.4.2 日本人が作ったカタカナ英語 116
  - 8.4.3 オランダ語・ドイツ語・フランス語からきたカタカナ語 117
  - 8.4.4 注意すべきカタカナ語（和製英語）の正しい使い方 118
- 8.5 スペリングに注意せよ 119
- 8.6 前置詞の使い方 120
  - 8.6.1 前置詞の核心イメージ 121
  - 8.6.2 前置詞学習は「習うより慣れよ」で 121
  - 8.6.3 論文でよく使われる前置詞の慣用的用法 122
  - 8.6.4 科学・技術論文での前置詞の使用例 123
  - 8.6.5 科学・技術論文での前置詞の誤用例と修正例 125
  - 8.6.6 動作主・手段・方法・媒介の前置詞（by と with）の使い方 127
  - 8.6.7 Computer と the Internet の前置詞 128
  - 8.6.8 前置詞がわからないときの対策：名詞の形容詞化（複合名詞語句） 128
- 8.7 よく使われる略語 130

9 注意すべき単語・熟語 132

10 参考文献 144
- 10.1 科学・技術英語論文の書き方の本 144
- 10.2 英語の書き方の本 146
- 10.3 英語辞書の使い方の本 147

索引 149

1 英語論文を書くうえでの基本の心構え

研究が一段落したら，研究者は論文を書かなくてはならない．論文執筆は研究の一部であり，学会誌・学術誌に論文を発表して初めて研究が完了する．

1.1 研究者が論文を書く意義

研究者が論文を書く意義として，次の二つがある．
(1) 研究成果の優先権 (priority) を主張する．
(2) 研究業績を確立する．

科学は国際的なつながりの強い学問であるので，研究業績として認められるのは，しかるべき学会誌・学術誌に英語で印刷公表された研究論文である．これら雑誌の査読者 (referees) や国際的な読者に論文の内容をよく理解してもらうためには，読んでわかりやすく，主張したいことが明確に書かれていなければならない．

しかし，読者に興味をもって読んでもらえる論文を書くことはやさしいことではない．しかも，世界の科学界が英語を主な共通語としている以上，言語構造が日本語とはまったく異なる英語を用いて行う必要がある．そのためには，論文の書き方の工夫と，正しい英語で論理的に明瞭に書ける語学力が必要となる．スムーズに，つかえずに読めて，しかも内容を理解してもらえるような論文を作成するには，「英語の発想」で書くことが必要である．

この本では，英語と日本語の発想法の違いに注目し，科学・技術英語論文 (Technical Writing in English) の書き方についてポイントを示しながら述べる．

1.2 科学・技術英語論文 (Technical Writing in English) の構成要素

英語科学・技術論文執筆の構成要素を R. Lewis らの『科学者・技術者のための英語論文の書き方』(東京化学同人, 2004) を参考にまとめ直すと，下図のようになる．

それぞれの項目のキーポイントを簡単に述べる．
(1) 計画と執筆（**Planning and Writing**）
　　計画 ➡ 第1章（本章）で議論する．
　　論文の執筆 ➡ 第5章で議論する．
(2) 論文の構造（**Structure**）
　　英語の論文の基本構成は，IMRAD（Introduction, Materials and Methods, Results, and Discussion）方式であるので，これに沿った書き方をしなくてはならない．
　　また，文，段落，節の構造は，明確，簡潔，かつ正確でわかりやすい科学・技術英語論文を書くためには重要である．
　　➡ 第3章，第4章，第5章で議論する．
(3) 作文技術（**Rhetoric**）
　　明確（clear）・簡潔（concise）・正確（correct）でわかりやすい英語で科学・技術英語論文を書くためは，特有の作文技術があり，これらに習熟する必要がある．
　　➡ 第2章，第3章，第4章，第7章，第9章で議論する．
(4) 文法（**Grammar**）
　　基本的文法（basic grammar）と科学・技術英語論文特有の文法（special grammar）がある．
　　➡ 第6章，第8章で議論する．
(5) 図表（**Figures and Tables**）
　　言葉では表現しがたい点をわかりやすく示せる．
　　➡ 第5章で議論する．

1.3　論文の執筆計画（Planning a Paper）

論文執筆計画のキーポイントとして下記のものが挙げられる．
(1) **Purpose**（目的）
　　・What is the main point of the paper?
　　・Keep the main point simple and clear.
(2) **Interest**（興味）
　　・What is the main point of interest to the reader?
　　・Think about the reader and write for them, not for yourself.
これを踏まえ，論文執筆計画時に検討すべき事項を以下に述べる．
　　・Authors and Tentative Title
　　・Type of Paper（letter, full paper, or review paper）
　　・Distribution（journal name）
　　・Planned Length of Paper（number of words）
　　・Writing Deadline（if any）
　　・Type of Readers（general public or specialists）

- Type of Coverage（simplified, general, review, or detailed）
- Purpose of Paper（inform, convince, or public relations）
- Importance of Paper to Readers（Why should they read it?）

論文を書く前に，ガイドラインとして執筆要綱・投稿規定（論文の書き方および投稿の手引き）（Guide to Authors, Instructions to Authors, Style Manual など）を読んでおく必要がある．これらは，雑誌・学会によって異なり，雑誌の場合は毎年最初の号に掲載されているし，学会のWebsite にも掲載されている．

1.4 科学・技術英語論文（Technical Writing in English）の作成

1.4.1 Technical Writing in English の定義

Technical Writing in English は最初，工業英語と翻訳されたため，技術者だけにかかわるものと考えられていたが，現在では科学・技術をはじめとして広い範囲でのライティングを表すようになっている．ここでは，「科学・技術英語論文」とよぶことにする．

> **狭義の定義**：科学・技術情報を正確かつ効果的に伝達するための文章作成技法
> 　　応用分野：科学・技術関係の論文，レポート，マニュアル
> **広義の定義**：正確かつ効果的に伝達するための文章作成技法
> 　　応用分野：科学・技術に限らず，実務に関するすべての文書
> 　　　　　　　論文，レポート，ビジネスレター，マニュアル，提案書

なお，Technical Writing in English は以下の四つのステップを含む．
- 読み手の特定
- 読み手が必要としている情報の特定と整理
- その情報を最も効果的に伝達するための文章構成の決定
- 効果的に伝達するための文章作成（和文英訳を含む）

1.4.2 Technical Writing in English の目的

(1) **Instruct someone, not to amuse him or her.**
　　（相手に教えるのであって，おもしろがらせるのではない）
(2) **Do not ignore your audience.**
　　（相手（読者）を無視してはならない）

1.4.3 Technical Writing in English の特徴

(1) 内容上の特徴
- 読み手が必要とする科学・技術的な内容が正しく伝わるように書く
- 誰が読んでも同じ内容として理解できるように書く

(2) 文体上の特徴
- 読み手が容易にすばやく読めるように書く（やさしく短く書く）

- 言葉に「飾り」や「誇張」があってはならない
  "Specify plainly and unambiguously."
- キーワードは，三つの "**C**"
  Clear（明確に）
  Concise（簡潔に）
  Correct（正確に）
- 物が中心（非人称主語）となって展開される（物主構文）
  × We find from these calculations that ....
  ➜ These calculations show that .... （SVO 構文）
  「グラフを見ると〜であることがわかる」
  ➜ The graph shows that ....
  「われわれの実験によると〜ということがわかる（われわれの実験は〜を表している）」
  ➜ Our experiment indicates that ....
- 専門用語，技術用語（technical terms）が使われる
- "One word, one meaning" の言葉を選択して使う
  as：時（〜しているとき）と理由（〜だから）の意味がある
  ➜ 時を表すには when，理由を表すには because を使う
- 積極的，建設的，肯定的に書く
  「**異常がないかどうか点検して，始動ボタンを押すこと**」
  × Press the start button after you check for **abnormal** condition.
  abnormal があると「この機械は異常があることが多いのだな」と誤解される可能性が高い
  ➜ After you check for **normal** condition, press the start button.
  （「**正常であることを確認して始動する**」とする）
- 事象の起こった順に書く
  × Start the machine after reading the manual. （マニュアルを読んで機械を始動せよ）
  ➜ Read the manual; then start the machine.
  ➜ After reading the manual, start the machine.
- 句動詞（phrasal verb）を避けて 1 語の動詞を使う
  × We **get possession of** hydrogen from acid.
  ➜ We **obtain** hydrogen from acid.

(3) 具体的な表現
- 説明的表現を用いない
  × The pendulum **swings from side to side**.
  ➜ The pendulum **oscillates**.
  × Like electric charges **cause to go away from** each other.
  ➜ Like electric charges **repel** each other.

・具体的に書く
・比喩的表現は使わない
    × We are in hot water.「困難に直面している」ことだが，「熱い水（湯）の中に入っている」と言葉通りの解釈もある．
    ➡ We are in trouble. または We have troubles.
・類推は使わない
    × Accelerate your car so that it would take five hours from New York to Boston.
    ➡ Accelerate your car to 65 miles per hour.
・あいまいな表現を使わない
    × This was the **last experiment** we wanted to do.
    "the last"には二つの意味がある．「最後の実験」か「最もやりたくない実験」か？

2　日本人英語の欠点と改善策

2.1　日本人英語が通じない理由

日本人英語がネイティブ・スピーカーに通じない理由として，次のものがある．
(1) 日本語の文の構成を変えず，一語一句そのまま訳している
(2) 抽象的な単語を使いたがる
(3) 逃げの余地を残しておく
(4) 受動態を多用する
(5) 一文が長く，構文が複雑である
(6) 意味のない儀礼的表現が多い
(7) 察してくれることを期待する
(8) 事実と意見の区別がつかない

2.2　日本人英語の改善策

2.2.1　和文英訳するな，直接「英文ライティング」せよ

「英語の文章を作らなければならない」とき，日本人がおかしやすい誤りは，「**まず日本語で原稿を作って（または作らせて），それを翻訳しよう**」という発想である．

日本語の文章と英語の文章では，修辞やスタイルが大きく異なるので，英語のネイティブ・スピーカーに通じる英語らしい文章にするには，**日本語から出発したのではダメである**．英語で発想して，英語の論理で表現する必要がある．

翻訳は，日本文を一対一で英語に変換するだけであり，一つの文を分解したり，文章の順序を入れ換えたりして，論理の筋道が通りやすくするようなことはしない．すなわち**翻訳では文章の構成や論理の展開，すなわち修辞は変えられない**．ところが元になる日本語の原稿では，修辞のルールはほとんど意識されないので，欧米型の修辞が欠落している．そこで，一流の翻訳者を使って，ネイティブ・チェックまでした自慢の英語の文書が外国で使いものにならない原因はここにある．ネイティブ・チェックが入れば，一つ一つの文章は英語らしくなるが，修辞（構成や論理の展開形式）やコミュニケーション・スタイルは，日本語のままである．しかし，この**修辞とコミュニケーション・スタイルの相違こそが，日本人と英語のネイティブ・スピーカーとのコミュニケーション問題の最も根の深い原因**である．

英語のネイティブ・スピーカーに抵抗なく理解してもらえるような英語の文書を作成するためには，**最初から直接英語で書く訓練**をする必要がある．

2.2.2 「抽象的な表現」を避けて，「具体的」に書く
「ある程度の人数」
- × a certain number of people
  10人なのか100人なのか，英語のネイティブ・スピーカーには見当がつかない．
  ➡ approximately（about）10 people「だいたい〜人」という言い方でもよいから具体的に数字を示す．

「この方法は，シグナルノイズに効果的である」
- × The method is effective for signal noise.
  ➡ The method reduces signal noise.（どういう意味で効果的かを具体的に書く）

2.2.3 「逃げの余地を残しておく」ことはやめて，「**SVO**」ではっきり書く

日本人が書く英語では，I believe that .... と言わずに，It is believed that .... It is thought that .... と受動態にして主語を隠し，主張をぼかす（逃げの余地を残しておく）ことが多い．すなわち，「と思われる」として主語を前面に出さず，問題の良否あるいは決定の判断を読者に任せる．後で問題が起こったときには，「と思われる（が自分はそう思わなかった）」「と考えられる（が実は自分は別の考えであった）」と後で言い逃れることができるようになっているが，英語ではこれは許されない．

英語では，**基本的な論理である"主語＋動詞＋目的語（S＋V＋O）"すなわち「誰が何をする」というロジックを駆使して，積極的な表現をすること，受動態はできるだけ避けて，能動態を使い，はっきりと自分の考え・信じるところを表明すること**が必要である．

2.2.4 受動態表現を避け，能動態で書く

日本語では，「〜される」「〜と言われる」「〜と考えられる」という表現が多いため，日本人の書く英文では受動態が多い．

英語では，受動態を避けて能動態で書くこと．これは，英語の文型の基本は，**Somebody does something**.（例；I love you.）であること，つまり，SVOの文型が最もインパクトが強いので，この形の文にすることがよいからである．したがって，**誤解を避けるためにも能動態を用いて明解な文を書くべきである**．

- × In this paper the problem of finding a sufficient condition for stability of a class of non-linear systems **is considered**.（動詞が文末にくる悪文！）
  ➡ **This paper considers** the problem of finding a sufficient condition for stability of a class of non-linear systems.（物主構文にし，主語のすぐ後に動詞をもってくる）
- × When the gear **is put** to the second position, the car will slow down.
  ➡ **Putting the gear** to the second position will slow down the car.（動名詞を主語に）

2.2.5 「長い文章」は避けて，「短い文章」にする

日本語では，「〜が」や「〜であり」を用いて文章をつなげることで，いくらでも長い文を作ることができる．このため，日本語の文章は，一般的に英語に比較して長い．そこで英語と日本語の文章構造の違いを考えずに直接翻訳（direct translation）をすると，英訳された文がだらだらと長くなる．さらに日本語的思考の流れが残ったままの英文となり，英語のネイティブ・スピーカーには理解しづらいものとなる．

では，一文の長さはどれくらいが適切かについて，Rudolf Flesch は次のように書いている．

「私たちは，目が一休みする前にある語数しか一気に読みきることができない．もし，一文が30語を超えていれば，しばらく休んで考えなければならない．もし40語を超えていれば，その文の意味を完全に理解することはできない．」
(Rudolf Flesch, "Rudolf Flesch on Business Communications: How to Say What You Mean in Plain English," p.59 (Barnes & Noble Books, New York, 1972))

そこで，アメリカで一般人がよく読む雑誌・新聞での平均語数（＝使用語数／センテンス数）を調べた結果,「リーダーズ・ダイジェスト」では17語,「ウォールストリート・ジャーナル」では20語である．したがって，**科学・技術英語論文では平均語数を20語以下にするのがよい**．

長い文章を書き直し，短い文章にする例を示す．

Nuclear power stations differ from ordinary power stations only in the source of heat and the former use a nuclear reactor to provide the heat while the latter use coal- or oil-fired boilers. (33 words)

この文は全体で33 wordsもあり，わかりにくいものである．さらに以下に示す文法的な問題もある悪文なので，修正が必要である．

＜修正のポイント＞
- and でつながる二つの文の主語は変えないこと．
- 後半の文では，the former, the latter が使われているが，内容を理解するためには，前半の文に戻り，the former = nuclear power stations, the latter = ordinary power stations と確認する必要があるので文の流れが悪くなる．このため，the former, the latter は使わない方がよい．
- and の後の文は，前の文の内容の補足なので，コロンを使い二つの文にする．修正文は次のようになる．

Nuclear power stations differ from ordinary power stations only in the source of heat: **they** use a nuclear reactor to provide the heat **in place of coal- or oil-fired boilers**. (14 words; 16 words)

2.2.6 「意味のない儀礼的表現」は避けて，「明確」に書く

日本語の会話では，次のような儀礼的表現がよく使われるが，そのまま英語にすると誤解を招いてしまう．

事例1：
　　日本人の家庭に招待された外国人に主人が "We could not prepare anything, but please come to the next room."（何もありませんが，こちらの部屋へどうぞ）と言われ隣の部屋に行ったところ，ご馳走が一杯あった．
事例2：
　　引っ越して行った知り合いの日本人から転居通知をもらったアメリカ人が，「お近くへお越しの節はぜひお立ち寄りください」という言葉を字句の通りに解釈し，突然その家を訪問したところ，相手はどぎまぎするばかりであった．
　一方，アメリカ人は小さいときから，**"Say what you mean, and mean what you say."**（心にも思っていないことを言ってはいけない）と言われて育ってきているので，上のような話を理解するのは難しい．
　このような「日本的」論理は，英語のネイティブ・スピーカーには通用しないので，英文を書くときには十分注意する必要がある．

2.2.7 「察してくれることを期待」しないで「はっきり」言う
事例1：「察しが悪い」と責任転嫁しない
　　日本ではよく，「察しが悪い」というが，「**それくらいは言わなくてもわかるだろう**」「**ここまで言えば，こうしてくれるだろう**」などと，言うべきことを全部は言わないで，相手が思うような反応を示さないと，「なんて鈍いヤツだ」と，すべて悪いのは相手だと責任転嫁をしてしまう．
事例2：**因果関係（原因（cause）・結果（effect））をはっきりさせる**
　　日本では，レストランで水がないとき，「あの，お水がないのですけど」と言うと，お店の人は，「あ，水がほしいのだな」とすぐわかってもってきてくれる．
　　しかし，英語で "I don't have a glass of water." と言っても，それに対する反応は "So what?" である．英語では，まず "Can I have a glass of water?" とか "Please bring me a glass of water," と言って，それはなぜかと言えば "because I don't have one." と続ける．（通常はこの場合 because 以下の文は不要である）
　　このように，**英語では，「原因・理由」とその「結果・言いたいこと」の両方を述べる必要がある**．まず「相手にしてほしいこと」を伝え，後で理由を付け加える．すなわち cause（原因）・effect（結果）の cause の部分（理由や観察事項）だけを伝えても，相手の言いたいことを察する訓練を受けていない英語のネイティブ・スピーカーは「だからどうしたの？」と聞き返してくるだけである．
　日本人同士のコミュニケーションでは，「言わなくてもわかる」部分は多いかもしれないが，英語のネイティブ・スピーカーとのコミュニケーションでは，その論理は通用しない．**英語では言いたいことをはっきり言葉に出して言わなければ，相手に理解してもらえない**．
　これらの違いは，次ページの図に示すように，日本語の文化が「コンテクストの高い文化（High-context culture）」であり，英語の文化が「コンテクストの低い文化（Low-context culture）」であることから説明できる．

日本語の文化：High-context culture	英語の文化：Low-context culture
お互いに共通の知識や体験が多いので，多くを語らなくてもわかり合える． ➡ 言葉の周辺の前後関係，つまりコンテクストに富んでいる．	共通の知識や体験が少ないので，筋道を立て話す必要がある． ➡ 言葉の周辺の前後関係，つまりコンテクストが少ない．
・以心伝心 ・結論は相手に任せる 　➡ 何を言いたいのか要領を得ない	・ズバリと核心に入る ・要点から書く，結論から書く ・筋道を立てて，論理的に書く

2.2.8 事実と意見は別の文章で書く

　日本人は英語で話したり書いたりするときに，日本語の感覚を引きずる．このため，日本人の英文には，事実も意見（主観）もごちゃ混ぜのものが多い．これでは，事実と意見を分けることが常識である英語のネイティブ・スピーカーは，聞いて混乱するだけである．英語を書くときは，事実と意見（主観）は分けて書かなくてはならない．

　× Jane is a beautiful music teacher.（ジェーンは美しい音楽の先生です）
　　➡ Jane is a music teacher.（事実）She is beautiful.（意見（主観））

以下に重要ポイントをまとめた．

> ・「事実」と「意見」の区別をはっきりさせること
> ・「事実」に「意見」を混ぜないこと
> ・「事実」に基づいて自分の「意見」を述べること

3 科学・技術英語の書き方（日本語から英語へ）

3.1 翻訳はするべからず

「よい日本語で書かれた文章を，文章構成を変えないで一語一語和英辞書を引いて英語に翻訳すると，よい英語の文章になるか？」という問に対する答は **"No, definitely not!"** である．

もし翻訳された一つ一つの文が，正しい単語を使ってあり，文法的にも正しいものであっても，文が集まってできたパラグラフとして，あるいは文章全体として見たとき，英語の文章として成り立たないということが往々にしてある．

それは，いろいろなアイデアの提出のされ方が，言語により異なることに起因する．日本語には日本語特有の，そして英語には英語特有の書き方がある．こうしたアイデアの提出の仕方を，**思考パターン（thought pattern）**とよぶ．下図に示すように，日本語で書かれた文章は日本人に好まれる渦巻き型の Japanese thought pattern をとるし，英文は英語のネイティブ・スピーカーによしとされる直線型の English thought pattern をとる．

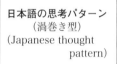

(Robert B. Kaplan, "Cultural Thought Patterns in Inter-Cultural Education", *Language Learning*, **16**, pp.1-20 (1966))

したがって英語のネイティブ・スピーカーにわかってもらえる英語を書くには，まず日本語を英語の構成で書かれた日本語に翻訳して，それを英訳する必要がある．すなわち，「**和文和訳：Translate from Japanese to Japanese first, and then translate it into English.**」が必要となる．

3.2 和文和訳して，簡潔な物主構文へ

3.2.1 If 節や When 節の名詞を主語にせよ

日本文が「〜ならば，〜である」とか「〜であるときには，〜である」の場合に，機械的に If 〜 とか When 〜 で文を始めないで，If や When に率いられる従属節にある名詞を主語にする方が簡潔な締まった文(物を主語とする構文すなわち物主構文)

になり，科学・技術英文には好ましい．
(1) 「温度が **2～3** 度上昇すると，エンジンが加熱する．」
　　直接翻訳：When the temperature rises 2 or 3 degrees, the engine often overheats.
　　問題点：日本語が「～すると」になっているので，when で始めたのだが，これでは日本文をそのまま英文に移し変えたにすぎず，文に締まりがない．
　　解決策：When で始まっている従属節を，「温度の上昇が～」のように「和文和訳」して，これを主語とする．
　　➡ A rise in temperature by 2 or 3 degrees often makes the engine overheat.
　　　この文は前のものよりも締まりがあると同時に，話題の中心語（a rise in temperature）が主語となっているために明確でよい．
　　　ここで，overheat は他動詞ということに注目し，＜make＋目的語＋動詞＞の構文を避けて，＜主語＋動詞＋目的語（S＋V＋O）＞構文にすると，さらに簡潔な文ができる．
　　➡ A rise in temperature by 2 or 3 degrees often overheats the engine.
(2) 「本プログラムを使用すると，時間の節約になる．」
　　直接翻訳：When you use this program, you can save time.
　　問題点：When 構文を使ったので，長い文になった．科学技術英文では使わない you が文中に2回出てきて冗長である．
　　解決策：和文和訳して「本プログラムの使用」を主語にする文にする．
　　➡ The use of the program results in time saving.
　　➡ The use of the program saves time.
　　　「本プログラム」を主語にするともっと短い文（SVO の構文）になる．
　　➡ The program saves time.
(3) 「表 **3** を用いると，計算のあるプロセスを省くことができる．」
　　直接翻訳：If you use Table 3, some processes will be eliminated from the calculation.
　　問題点：日本語の順序で if を用いて英文化したので，冗長である．また主文と副文で主語が異なり，読者の視点がぶれる．
　　解決策：「表3」を主語とする物主構文にする．
　　➡ Table 3 will reduce some processes of the calculation.
　　　または「表3の使用」を主語とする．
　　➡ Using Table 3 will eliminate some of the calculations.

3.2.2 「～では」「～には」は ～ を主語とせよ
(1) 「この規則では，雰囲気温度に関して厳しい制限がある．」
　　直接翻訳：In this regulation, there are strict restrictions regarding atmospheric temperature.
　　問題点：日本語の順序にそのまま訳し，there are 構文を用いたので，ダラダラ

とした英文になった．(There is/are 構文は Technical Writing では使わない)

解決策：「この規則は雰囲気温度に厳しい制限をする」という英語的発想の和文に書き直し，それを英訳する．

➡ This regulation strictly restricts atmospheric temperature.

(2) 「正しい制御装置を選ぶには負荷要件について十分知っておく必要がある．」

直接翻訳：We need to know the load requirements thoroughly to select the correct regulator.

問題点：主語を安易に選んだため，冗長になった．また，we は科学・技術英語では使わない．

解決策：和文和訳して「正しい制御装置の選択は負荷要件についての十分な知識を要求する」とすれば，簡潔な物主構文ができ上がる．これを英訳する．

➡ Selection of the correct regulators requires a thorough knowledge of the load requirement.

3.2.3 「〜の結果」は as a result だけではない

(1) 「相分離の結果，信頼できないデータが得られた」

直接翻訳：As a result of phase separation, unreliable data were obtained.

問題点：日本語の順序に沿ってそのまま訳したので冗長な英文になった．

解決策：原因である「相分離」を主語にして，「相分離が……を結果とした」と発想する．動詞としては result in を用いてもよいし，「相分離は……を引き起こす」と発想して produce を用いてもよい．

➡ Phase separation resulted in unreliable data.

➡ Phase separation produced unreliable data.

(2) 「温度調節を行った結果，問題が解決した」

直接翻訳：As a result of the temperature adjustment, the problem was solved.

問題点：日本語の順序に沿ってそのまま訳したので冗長な英文になった．

解決策：「温度調節」を主語にして，「温度調節が問題を解決した」という，SVOの構文に書き直す．

➡ The temperature adjustment solved the problem.

SVO 構文を使うことにより，コンマを伴う副詞句がなくなり，短く読みやすい表現になった．また能動態にしたため，強い印象を与える文になった．

3.3 「英語活用メモ」を作り，英借文する

英語論文を書く際には，骨組みは日本語（メモ程度）または英語で作成し，本文は直接英文で書くようにするとよい．このためには，**「英語活用メモ」を作り，英借文**をするのがよい．

発表する研究内容に関連した英語のネイティブ・スピーカーが「よい英語」で書い

た論文を数編選び，英語論文執筆の参考書とする．このとき注意することは
- 英語論文の形式や英文そのものに注意して読む
- 役に立ちそうな文や単語の使用法を句の単位でメモする

ことにより「英語活用メモ」を作成する．

ここで，信頼できる英語のネイティブ・スピーカーが書いた模範となる英語論文の条件としては次のものがある．
- 内容が自分の研究の関連分野のものであること
- 筆者の所属機関がアメリカあるいはイギリスにあること
  （ただし，その筆者が visiting scientist のような場合を除く）
- 著者の名前が典型的なアメリカ人，イギリス人のものであること
- 論文を朗読して，スラスラと読めるものであること

英語論文執筆時には，「英語活用メモ」や参考文献の中に，自分の研究の説明にぴったりとあった文や句があれば，そこから書き始める．それにうまく文章をつなげるように前後の文を追加する．そのときには以下に注意すること．
- 自分でマスターした単語のみを使用する．
- やむをえないところだけ辞書（英和辞典，英英辞典）を用いる．ただし，必ず文や句の形で与えられた使用例を借用する．

3.4 本文を直接英文で書けない場合の対応策

(1) **First Step:** 論理のつながりの完全な日本語のアウトラインを箇条書きで書く

論文で述べる**事実**とそこから導かれる**論理的帰結**をすべて**箇条書き**にする．常に英語の構文を意識して，必ず**主語，動詞，目的語（S＋V＋O）**を入れてセンテンスを書く．

このときには，次のことに注意すること．
- 一つの箇条の中には一つの事実あるいは帰結のみ（one sentence, one meaning）
- 各箇条の中では**接続詞は一切用いない**(論理関係があいまいになるのを防ぐため)
- 各箇条は論文中で書く予定の順序で並べる
- 各箇条の間の関係を十分議論しながら順序を決定する

(2) **Second Step:** 日本語から英語への翻訳
- 箇条書きにしてあった日本語を英語に書き直す
- 英語として論理的で適切な接続詞を用いて文をつなぐ

英語に翻訳するときの **key word** は「論理的」である．以下の例を見てみよう．
「彼は帽子をかぶって家から出てきた」
を英訳するときには
「誰の家からでてきたのか？」「誰の帽子をかぶっていたのか？」
といった疑問が出てくる．これらをはっきりさせてから初めて
He came out of **his** house with **his** hat on **his** head.
と正しい英語が書ける．

このように，**英語では「物事をくどいほどはっきりと特定する」**ことが必要である．

3.5 英語自体よりも論理の方が大切

よい科学論文を書くことは，上手な英語を書くことから始まるのではなく，論文がもつべき論理と必要とする構成を理解することから始まる．

英語論文を書く際の英語の間違いは校正の段階で容易に修正できるが，論理と構成の悪い論文は，そう簡単に修正できないし，ましてやこれをよい論文に書き変えるのは重労働である．

> ・よい論文を書くには，よい論理とよい構成を考える
> ・各セクションがそれぞれ相互に関係し合っているように書く

4 わかってもらえる論文は「英語の発想」で書く
（日本語と英語の発想法の違いに注意せよ）

4.1 文の構造と文章の流れ（Leggett's Trees）

　日本語英語の論理の骨組みと，英語の論理の骨組みを明快にパターン化して初めて示したのは Leggett 氏であった．(A. J. Leggett, "Notes on the writing of scientific English for Japanese physicists," 日本物理学会誌 **21** (1966), pp.790-805.)（日本語訳は，日本物理学会 編，『科学英語論文のすべて 第 2 版』(338 ページ)（丸善，1999），第 4 章，第 4.1 節，「科学英文執筆についての覚書」，pp.149-183.)
　日本語英文（JE 型：日本語からの直接翻訳）と英語文（E 型）の構造と文章の流れの違いを示す図（「レゲットの樹」，Leggett's Trees)）と説明を下に示す．

文の構造と文章の流れ（Leggett's Trees）

日本語英文の骨組 （文章の羅列） 最後まで読まないと意味がわからない． ・論述の主流から外れて脇道に入るとき，入ることも明示せずいきなり曲がってしまう． ・枝分かれが多く，脇道から脇道へと，本流からどんどん遠くなっていく．	英語文の骨組 （スッキリした骨組） 書いてある順に理解できる． ・脇道に入るにしても，あらかじめそのことが読者に明示されている． ・英語では，著者の思考の流れを読者は確実にたどれる．

この違いは次のように説明できる．
- 日本語英文（JE 型）の論理：
  説明（修飾などの副文章）が先にきたり，複数の思考を関連させたりしながら，本筋（主文章）へ合流させる下水道型である．これは，日本語では，考えをいくつか述べるにあたり，それらの相互のつながりや，ある特定の考えの意味が，そのパラグラフ全体あるいは論文全体を読み終えて，やっと明確になるような書き方が許されているからである．
- 英語文（E 型）の論理：
  本筋（主文章）がまずあって，脇道（修飾などの副文章）へそれる場合はその始点で副文章であることを明確にしながら進める上水道型である．これは，英語では，それぞれの文章は，すでに書かれているものだけに照らして完全に理解できなければならないからである．そのうえ，一つの考えと次の考えとの関係は，そ

れを読んだときに完全に明確でなくてはならない．
Leggett's Trees の例として，実験の記述の文章を下図に示す．

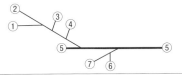
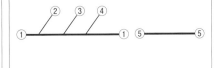

JE型[Japanese-English Format]
① In this connection, ② at room temperature, ③ at the measuring frequency 10 kHz, ④ with Au-electrodes evaporated on the whole area of the crystal surfaces, ⑤ **the dielectric constant** and ⑥ at the same time ⑦ the loss tangent **were measured**.

E型[English Format]
① **Measurements were made on the dielectric constant of the crystal** ② at 10 kHz, ③ with electrodes evaporated on the whole area of both surfaces, ④ at room temperature. ⑤ The loss tangent was simultaneously measured.

以上，まとめると
(1) 英語の論文では，**JE** 型（逆茂木型）の構造の文章を書いてはいけない．
(2) 英語の論文では，くどいと思っても論理の鎖の環を省いてはいけない．
すなわち，
　　日本語の文章だとここは読者が補って読んでくれるだろうと飛ばしてしまいそうなところでも，英語ではくどいほど明確に考えの筋道を書くのである．

4.2　英語の基本は三拍子（パラグラフ・ライティング）

論理的な英文のパラグラフは次の三つの要素から構成される（三拍子）．

Introduction（序論，導入部）	—	**Topic Sentence**
Body（本論，本体部分）	—	**Supporting Sentences**
Conclusion（結論，まとめ）	—	**Concluding Sentence**

論理的なまとまりをもった文章を英語で書くときには，まず「**大きな枠組をつかみ，だんだん細かく絞り込んでいく**」ことが必要である．
　一方，日本語の論理展開は**起承転結**の四拍子である．ここには英語にはない「転」があるため，英語圏の人間にはなかなか理解しにくい形になっており，日本語の文章をそのまま翻訳しても，論理的な英語にはならない．（詳細は 4.4 節を参照）
　この英語の三拍子は，"**Tell Them Three Times Approach**" ともよばれている．
- **Introduction: Tell them what you will tell them.**
　扱うトピック（主題）が何であるかをパラグラフの出だしの文章（topic sentence）で説明する（他の話題を混ぜたり，節（section）レベルの話題は入れない）

- **Body: Tell them.**
  本体部分では，取り上げたトピックの背景，問題点など，裏づけとなるいろいろな情報を詳しく述べる
- **Conclusion: Tell them what you have told them.**
  パラグラフの最後（conclusion）は書き手の意見（結論やまとめ）を述べ，次のパラグラフへのつなぎとなるような適切な文章を入れて終わる．
  この文章構造は，英語の論文・報告・レポート執筆などのすべての基礎である．

4.2.1 Introduction（序論，導入部）
- 読者の関心を引く．
- 主題についての背景説明を与える．
- 主題文（Topic Sentence）を提示する．
- 文章がどのような構成になっているかを知らせる．

Topic Sentence（主題文）の役割
- Topic Sentence はそのパラグラフが何について書かれたものであるかを読み手に伝えるのが目的である．書き手が一番言いたいこと（結論に相当）をまとめた文である．
- Topic Sentence はパラグラフの冒頭に置く．
- Topic Sentence には「トピック」と「書き手の主張」の両方が入っていなくてはならない．
  × I am going to write about bad effects of cigarette smoking.
  （「トピック」を紹介しているだけ）
  △ Cigarette smoking is bad for your health.
  （一般的事実であり，「書き手の主張」にならない）
  ○ Cigarette smoking is bad, not only for smokers themselves, but also for the people around them, including children yet to be born.
  （トピックと書き手の主張が入っている）

4.2.2 Body（本論，本体部分）
- Topic Sentence（主題文）で示した論旨を具体的に展開する．

Supporting Sentences（支持文）の役割
- Topic Sentence で述べたことの妥当性を，実例を示したり，いくつかの理由を効果的に述べたりして，具体的に示す．
- Topic Sentence が一文で抽象的に（総括的）に述べたことを，もっと具体的に複数の文で詳しく説明したり論証したりする．
- Body の記述には，三つの書き方がある．
  (i) 詳細を加えて説明する
  (ii) 複数の例を挙げる
  (iii) 複数の理由を述べる

例：cigarette smoking の場合
- 喫煙者が肺がんにかかる率が高いこと．➡統計などによる数値を提示する．
- 喫煙者のまわりにいる人にもタバコの害が及ぶこと．
  ➡医者などの権威のある人のコメントを引用する．
- 未熟児で生まれる赤ちゃんのうち，喫煙者が母親である割合が大きい．
  ➡統計などの数値を提示する．

4.2.3　Conclusion（結論，まとめ）
- Topic Sentence で述べた論旨を別の言葉で言い換えたり，文章全体の内容の要約などをする．

Concluding Sentence（結論文）の役割
- パラグラフの終わりは Concluding Sentence で締めくくる．
- Topic Sentence とほぼ同じ内容をまとめ，書き手の主張を「だめ押し」する．
- Topic Sentence と同じ語句を繰り返さないで言葉を変えて主張を再度強調する．

例：cigarette smoking の場合

We can see that cigarettes harm the health of the smokers, people around them, and even babies yet to be born, directly or indirectly.

これに対する Topic Sentence（書き手の主張）は

Cigarette smoking is bad, not only for smokers themselves, but also for the people around them, including children yet to be born.

であった．

4.2.4　日本語の「段落」と英語の「パラグラフ」は違う
　日本人が英文を書くときに，共通する問題点として「段落」と「パラグラフ」の混同がある．
(1)　日本語の「段落」
『岩波国語辞典』の定義では，「長い文章をいくつかのまとまった部分に分けた，その一くぎり」とかなり漠然としたものである．その特徴を以下に記す．
- 新しい段落は，行をかえ，頭を1字下げて書き始めるのが明治以降のしきたり
- このしきたりを守って書かれた一区切りの文の集合を形式段落とよぶ

(2)　英語の「パラグラフ（**paragraph**）」
"Oxford Advanced Learner's Dictionary" によると "a distinct section of a piece of writing, usually consisting of several sentences dealing with a single theme"（文章の一区切りで，内容的に連結されたいくつかの文から成り，全体として，ある一つの話題についてある一つのこと（考え）を言う（記述する，主張する）ものである」（段落よりもっと限定的な性格がある）．その特徴を以下に記す．
- 英文，特に説明・論述文はパラグラフを構成単位としてきちっと組み立てられる
- 英米の小学校から大学までのレトリックの授業では，文章論の一番大切な要素としてパラグラフの意義，パラグラフの書き方を徹底的に教えている

これは，英語で論文やエッセイを書くときに，日本語で書いているときの要領で，ちょっと長くなったかなということで適当に切ったりしてはいけないということである．

ところが日本では英語を書く人たちは，たいていは適当に切っており，そのせいで，論理的な文章という感じがしなくなってしまう．つまり段落とパラグラフを同一視する結果，パラグラフの冒頭にあるべき **Topic Sentence**（そのパラグラフが何の話かを一文でまとめたもの）がない．それに続く複数のセンテンスも統一性を欠き，とりとめがない印象を与えて終わりとなる．こうなると，英語のネイティブ・スピーカーの読み手には，まったく理解できないものになってしまう．

4.2.5　英語の小論文（エッセイ）の書き方 vs. 日本語のエッセイの書き方

アメリカの小学校では，英語のエッセイの書き方について，次のように教えている．
(1) まず，最初に結論を書く　　　**Introduction — Topic Sentence**
(2) そして，その理由を三つ書く　**Body — Supporting Sentences**
　　それぞれの理由の中に，具体的な例示や補強材料を三つ入れる
(3) 最後に，結論をもう一度書く　**Conclusion — Concluding Sentence**
　　ただし，最初に書いた文章と異なる表現を使い，要約することが必要
　　　　　　　　　　　（岸本周平，『中年英語組－プリンストン大学のにわか教授』（集英社新書，2000））

しかし，日本では，エッセイの書き方は「感想文的」であり，論文・報告・レポートの書き方についてはきちんと教えていない状況である．

4.3　読みやすい英語論文を書く

4.3.1　読みやすい英語を書くための基本方針

> - 英語では，主語を提示したら，できるだけ速やかにそれを受ける動詞を提示せよ
> - 書き手が強調したい「新情報」は文頭でなく文末の「強調箇所」(the stress position) に置け
> - 文の話題である人・ものは文頭の「トピック箇所」(the topic position) に置け
> - トピック箇所に「旧情報」（すでに述べられた情報）を置き，前とのつながりを明確にし，旧情報に続く新情報に関する状況を明確にせよ
> - 英語では可能な限り，文の主語が行う行為・行動・作用 (action) は名詞ではなく動詞で表現せよ
> - 読者に何か新しいことを考えさせる前には，そのための状況を明示することを原則とせよ

4.3.2　文をつなげて文章に

- 文は，「一定の規則（＝文法）に従って，前後の文と自然につながるように情報を適切に配置したまとまりの一種」である．
- このまとまりは，基本的には「X についてその説明を加える」ものである．この「X について」の X をトピック，トピックに加えられる説明をステートメントと

よぶ．
- 日本語には「は」（助詞）という魔法の道具があるので，たいていの文法的要素をトピックにすることができる．しかし，英語には「は」に相当する道具がないので，**トピックは原則として主語にする**．
- 文章（passage）とは，一つ一つの文（sentence）が有機的につながってできる．このためには，英文では次の二つのことが重要になる．
    (i) 一貫性，まとまり具合（**coherence, consistency**）
        一つ一つの文がパラグラフや文章全体のテーマに適切に関連していること
    (ii) 流れ，つながり具合（**cohesion, linking**）
        連続する文と文がうまくつながっていて読み下していけること

4.3.3 トピックを直前文から引き継ぐ

(1) 直前文のトピック＝主語（に関連する語句）を引き継ぐ
   John called me last night. **He** told me that we would have a meeting today.
(2) 直前文の主語に関連させる
   X という物質が主語になった場合に，次の文の主語は Y of X となることが多い．
   Guest species are restricted to ionic or charged species. **The range of guest species** can, however, be extended to include ....
(3) 直前文の文末焦点位置に置かれた語句（に関連する語句）を引き継ぐ
   George bought **a book** yesterday. **The book** was a little bit expensive, but he really liked it.
   John put some water in **a tube**. **The tube** turned out to be dirty, and a strange smoke came out.
(4) 直前文全体をまとめる語句（直前文の動詞を名詞化したものに関連する語句）を用いる
   The enemy **destroyed the city**. **The destruction** was really devastating.

注：直前文の中で，(1)〜(4)に述べた以外の場所に出てくる名詞句を次の文の**トピック＝主語**に引き継ぐことは不可．

例1：文頭を既知の情報（直前文のトピック）で始める
   A flower has a fragrance when *certain essential oils* are found in the petal. **These oils** are produced by the plant as part of its growing process. **These essential oils** are very *complex substances*.
   Under certain conditions, **these complex substances** are *broken down or decomposed and formed into volatile oils*.
   When **this** happens, we can smell the fragrance they give off.
   　これらの文では，すでに述べた情報を文頭に置いているので，文章が滑らかにつながり，読み手の負担を下げ，理解しやすくしている．
例2：文頭を既知の情報（直前文のトピック）で始める
   Although *jet engines* power the newest, most powerful aircraft we have to-

day, **the principle behind them** was discovered about 2000 years ago.
That principle is jet propulsion, and **it** was first shown by a Greek mathematician, **Hero of Alexandria**, in about 120 B.C.
He used the forces of steam escaping from a heated metal ball to spin the ball like a wheel.

"it was first shown by a Greek mathematician, Hero of Alexandria"が受動態になっているのは，情報（話）の流れとして，旧情報である it（= that principle）を主語にすべきであるから．

4.3.4 旧情報は前に，新情報は後に

- 情報提示に関する読者の期待には一定のパターン（「旧情報 ⇒ 新情報」）がある．そのパターンを守って情報を提示すること．
- 「旧情報 ⇒ 新情報」の提示のパターンが崩れると，たとえ構文や単語が簡単でも，読者は書き手の強調したいことがわからなくなり混乱する．
- 強調箇所は文末で形式的に明確に示される．思考の流れが続きながらも一文で表現することが難しい場合は，セミコロンや括弧を使うこと．
- 一つの文の中に強調箇所が複数あるように読者に思われたら，それはその文が長すぎるということである．
- 書き手の考えは必ずしも書き手の期待通りには伝達されない．書き手は注意深く（うまく）書いて，書き手の意図に沿った解釈に読者を導くようにすること．

4.4 起承（転）結はやめよう

起承転結は文学的な作文の組み立て方で新聞のコラム（朝日新聞の「天声人語」，読売新聞の「編集手帳」，日本経済新聞の「春秋」等）には有効な指針であるが，英語の論文・レポートを書くときには有害無益である．朝日新聞の「天声人語」は翻訳されて，翌日の The Asahi Shimbun AJW に 'VOX POPULI, VOX DEI' として掲載されている．これを読んだ英語のネイティブ・スピーカーから，次のコメントがあった．
　「それぞれの文章の英語は素晴らしいが，文章構成が日本語の起承転結のままなので，全体として何を言いたいのかがよくわからない」
起承転結で書かれたものを英語にしたときに，英語のネイティブ・スピーカーが理解できない理由は下記の通り．

- **起承転結**という代表的な日本語の論理構成では，まず「起」で話題を起こす．しかしまだそれについては何を言いたいのかは言わない．「承」で話題を発展させるが，「転」ではいったん話題からそれる．最後の「結」で全体をつなぐような結論を出すが，**一番言いたいこと（結論）はこの最後で述べるようになっている．**
- **英語では論理の流れがちょうど逆になる．英語ではまず話題を提示するとともに，それについて何が言いたいか（結論）を最初に明らかにする．**残りの部分ではなぜそういえるのか，という自分の論点を支持する文を書いていく．

・したがって日本語ではまったく違和感のない文章をそのまま英語にすると，文一つ一つは文法的に正しいのに，全体として何を言いたいのかわかりにくい文章となる．起承転結の例を挙げ，なぜ「英語国民を説得できない」かの理由を説明する．

大阪，本町，糸屋の娘	（起）
姉は十八，妹は十六	（承）
諸国大名は弓矢で殺す	（転）
糸屋の娘は目で殺す	（結）

この例では，「起承」で情報を列挙し，「転」で一見何の関係もない弓矢の話に移る．転句を使って読者のイマジネーションを膨らませる．同時に「糸屋」と「弓矢」で脚韻を踏ませ，響きをよくしている．すなわち論理よりも感性を大事にするのである．

しかし，これを英語の視点から見ると，非論理的となる．特に「転」が問題である．「転」で「読む人を煙に巻く」と考えられるので，このまま英文にしても，読む人は混乱し，理解できない．

英語の発想では，最初に結論を述べその後で説明する．また一貫性が重要なので，転の部分は除く必要がある．そこで英語の発想でこれを書き直すと

大阪，本町，糸屋の娘の眼は魅力的	（起承）
姉は十八，妹は十六	（承）
黒目がちな大きな瞳に	（承）
街の男たちは首ったけ	（結）

となる．これではもとの句にあった「イマジネーションを膨らませる」という面白みは失われてしまうが，著者の言いたいことは間違いなく伝わる．

4.5 日本語の構造 vs. 英語の構造

4.5.1 「理由を先に，結論を後に」vs.「結論を先に，理由を後に」

日本語の構造	英語の構造
「理由を先に，結論を後に」 理由づけや細部の説明をして，最後に結論をもってくる． 「…だから，〜だ」	「結論を先に，理由を後に」 先に「〜だ」と結論を述べる．それからその理由を説明する． 「〜だ．何となれば…だから」

例えば，夕方「今日飲みに行こう」と誘われたときの断り方を考えてみよう．

日本人の場合：「実は，明日の仕事の準備がございますし，それに風邪気味でございまして……．失礼させていただきます」と相手を納得させるための理由や条件を挙げるだけ挙げて，相手が納得したのを確認して，やっと結論を言う．

英語のネイティブ・スピーカーの場合："Thank you, but no thank you, because I am already engaged." と結論を先に述べて，理由を言う．その理由も最も大

きなもの一つで十分である．
　では，なぜ日本語では結論を先に言うことをはばかるのか？　その主な理由には
- 相手の望まない結論を言う（例えば断る）ときには，理由を先に挙げて納得させてから，やわらかに言おうとすること．
- 科学的な結論を引き出すのに，十分な根拠をもっていることを相手に納得させた後，結論を言うのはよいが，もし先に結論を言ったが，後で根拠不十分と指摘されたりすると，いちじるしい不名誉になることをおそれること．

などがある．特に科学・技術論文の場合には，2番目の理由が問題となる．また，日本人の書く論文に，非常にvagueな（あいまいな）表現が多いのもこのことが原因である．

4.5.2　日本語の構造（△型）vs. 英語の構造（▽型）
日本語の構造と英語の構造を別な角度から比較したものを下図に示す．

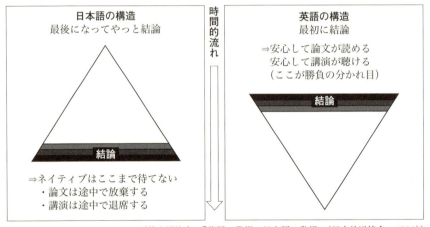

（外山滋比古，『英語の発想・日本語の発想』（日本放送協会，1992））

4.5.3　日本語：後方重心型（△）
　日本語の△型の典型として，宮澤賢治の「雨ニモマケズ」がある．
　結論の「サウイウモノニ　ワタシハナリタイ」にたどり着くまで，1行目の「雨ニモマケズ」から28行目の「クニモサレズ」が状況説明（理由）になっている．

4.5.4　英語：前方重心型（▽）（まず概論を述べてから，詳細に入る）
(1) 英語の文章の特徴
- 英語の文章は，最初の文を読めば，それが何についての話かわかる．つまり，outlineをまず述べている．
- 英語では "What happens." とか，何を言いたいかをまず述べ，それからもっと

詳しい説明をする．これで，何を話そうとしているかが初めからわかるので，相手も内容を理解しやすい．
- パラグラフの構成でも，英語ではパラグラフの最初に，そのパラグラフのまとめ（topic sentence）がきて，その後に具体的な説明や数字などが続く．
- 日本語では，「これこれこういうわけで」と，まず状況説明をして，最後に「だからこうです」とまとめがくる．この「だからこうです」の部分を，英語では最初にもってくる．

(2) 英語が▽型である事例
- 英語の文の冒頭は，全体の方向づけをする重要な情報を示す．
- 疑問文なら，文の頭の語でそれとわかるように What, Where, When, Why, Who を付けるか，あるいは Do you と倒置の形をとる．
- 仮定ならば，文の頭へ "If" を付けて，以下のことは仮定であることを示す．
- 否定の言葉も，文の前の方に付ける．
  "He is not poor." に "I think" が付くと
  ×"I think he is not poor." ➡ "I don't think he is poor."
- 主語と述語の位置関係は固定している．
  主語は文頭に決まっている（初めにくるのは主格であるとの意識が強い）．
  "**Whom** did you see yesterday?"（whom は目的格）とは言わず
  "**Who** did you see yesterday?"（主格の who が先頭）と言う．

4.5.5 広告を例にとった日本語と英語の違いの比較

日本語	英語
Beat-around-the-bush Style （遠巻き話法）（察してください） ・間接的なアピール ・抽象的にほのめかす	**Straight-to-the-point Style** （ずばり要点主義）（本論を先に） ・直接的なアピール ・具体的に明示
「週刊新潮は明日発売されます」 （大変控えめな感じのよい宣伝文句．ただし，聞く側が相手の言葉の意味（買ってくれ）を察知しなくてはならない．）	"Time magazine will come out tomorrow. Get it at your newsstand." ➡ "Yeah, I've got to get one." （積極的なコマーシャル．必ず動詞を入れて，相手にどうしてほしいかを訴える．）

4.6 あいまいな表現は英語にならない

4.6.1 日本語では明確な表現を避ける

日本文学者のドナルド・キーン教授が，日本語について次のように述べている．
「鮮明でない言語はフランス語ではない」という言葉があるが，日本語の場合，「はっきりした表現は日本語ではない」といえるのではないか．数年前に日本人

に手紙を出したが，その中に「五日間病気でした」と書いたので，友人は「日本語として正確すぎる」と言って，「五日ほど」と直してくれた．小説の人物の年齢も多くの場合，「二十六，七歳」となっていて，二十六歳とも二十七歳ともはっきり定められないようである．

（ドナルド・キーン，「日本語のむずかしさ」，梅棹忠夫，永井道雄編，
『私の外国語』(中公新書255)（中央公論社，1970），p.154.）

キーンの言う通りわれわれには，はっきりと明確にものを言うことは避けようとする習性がしみ込んでいる．論文を書くときにもこれは随所に現れる．明確に言わない理由としては，
- 「あまり明確な，断定的な書き方をしては読む人に悪い」
- 「ほかの考え方をする可能性だってあるのに，自分の意見を一方的に読み手に押し付けるのは図々しい」
- 「自分の見方が全面的に正しいとは言い切れない．読み手に裁量の余地を残しておかなければ」

などがあるが，学問の世界では自分の考えを明確に言い切ることが必要である．表現をぼかし断言を避け論争を不徹底にすることは，学問の進歩をさまたげることになる．

したがって，**論文の中では**，事実の記述にせよ，**自分の意見にせよ，できるかぎり明確に，ぼかさず書くことが必要となる**．

4.6.2 否定形を多用するよりも，肯定形で明瞭に表現する

明確な表現を嫌う日本人は，否定語を多用する傾向があり，二重否定もしばしば用いられる．
- 「……することも少なくないのではないでしょうか」
- 「必ずしもそうとは限らないのではないでしょうか」
- 「そうとも言い切れないのではないでしょうか」

のように，自分の主張をオブラートに包み，玉虫色に響かせるには，効果絶大であるが，この種の複雑な表現を多用する人は，英語圏では「コミュニケーション能力に問題あり」と判断される．逆に，「はっきりモノを言う，つまり主張をクリアーに伝えよう」とする頻度は，日本人よりも断然高い．

否定形を使うと内容があいまいになることがあるので，できるだけ肯定形を用いて明確に述べるのがよい．

例1　このドアから入ってはいけません
　　　×Do not use this door.
　　　とすると，どのドアから入ったらよいかわからない．読み手に判断させる文を書いてはならないので，次のようにする．
　　　➡ 入口が他に一つだけなら　Use another door.
　　　　入口が二つ以上あるときは　Use other door.

例2　火災の場合はエレベーター使わないでください
　　　×In case of fire, do not use elevators.

エレベーターが使えないなのなら，何を使うべきかが不明確である．
➡ In case of fire, use stairways.「火災の場合は階段を使ってください」とする．
この後に Do not use elevators. を書けばよい．

例3 「適当ではない」「不適当ではない」をどう英訳するか
・「適当ではない」と表現するとき
　× not appropriate ➡ inappropriate（不適当である）
・「不適当ではない」と表現するとき
　× not inappropriate ➡ appropriate（適当である）

4.6.3 may や might は使わない
(1) "may be" ≠ 「であろう」

日本人の英語論文には，may, may be の乱用により意味があいまいになっているものが多い．このため「自分の実験結果を正しいと主張したいのか，したくないのか?」と疑問視される．

例1 **It may be considered that ....**
日本人は，… の内容をぶしつけに言うのをはばかってこのように書いたのだが，これを読んだ英語のネイティブ・スピーカーには，「… の部分に自信がもてないのでこのように書いた」と誤解されてしまう．

例2 **may** は「半分以下の可能性」を意味する
Do not turn contrary to direction of arrow; damage to setting mechanism **may** result.
（矢印と逆の方向には回さないでください．セット機構を壊すことがあります）
という文は，半分以下の可能性の **may** を使っているので，「運が悪いと壊れる」ことを意味しているが，本当は逆回転させたくないのである．**will** ならほとんど壊れることを示唆することになる．

例3 「だろう」を表す英語表現
以下の例文はだめな Japanese-English なので，**すべて削除すること**．
　× This may give a very definite picture.
　× This may be viewed from the standpoint of various consideration.
　× It will be essential to study the problem from this point of view.

(2) 英語に翻訳できない例
・「デアロウ」　　　　　　　　　　　　　➡「デアル」とする．
・「ト言ッテモヨイノデハナイカト思ワレル」➡ 削る．
・「ト見テモヨイ」　　　　　　　　　　　➡ 削る．

(3) あいまいな感じを与えずに，「だろう」と主張する正しい英語
・The phenomenon A **is consistent with** the hypothesis B.（矛盾しない）
・The phenomenon A **is in agreement with** the theory B.（一致する）
・The phenomenon A **is explained by** the theory B.（説明できる）

(4) あいまいな表現を避けてはっきりと英語の文章を書くときのルール

"**Try to be as definite and assertive as possible** even it feels a little unnatural."
（はっきりと（明確に），断定的に表現せよ）

4.7 はっきり言い切る英語――英語のネイティブ・スピーカーにわかってもらえる英文を書く

英語のネイティブ・スピーカーにわかってもらえる英語を書くには
- 総括的なことをまず述べて，その後に細部の記述をする．
- 否定か肯定かを，はやくはっきりさせる．
- 主語をはっきりさせる．
- it, which, that 等が何を指しているのかをはっきりさせる（日本語英語では，"it" を著者の心の中（頭の中）にある「何か」を意味するとして，文章を書いていることが多い）．

ことが必要である．
詳細に見ると，次のポイントにも注意すること．
- 英語の文章は，明確に書くこと，あいまいな点を残さずに書くことが何より大切である．
- 多少ぼかしておく（余地を残しておく）ことは英語では許されない．
- 「この文は正確に言うと何を意味するのか」に答えられない文は省いてしまう．
- 日本人は，はっきりしすぎた言い方，断定的な言い方を避けようとする傾向が強い．英語のネイティブ・スピーカーの読者の大部分にとっては，これは思いもつかぬ考え方であり，ぼかした英語表現は，「著者の考えは不明確で支離滅裂だ」と誤解される．

したがって「**はっきり言い切る英語**」を書くためには，次の4点に留意すること．
- **Argument should run as a logical sequence.**
  （議論が論理的つながりをもつようにする）
- **No essential steps should be left unwritten.**
  （どの段階も書き落とすことがないようにする）
- **Be as precise, unambiguous, and explicit as you can.**
  （できるだけ精密で明確にする）
- **Don't hesitate to state your conclusions boldly and definitely.**
  （躊躇せずに結論を大胆に述べる）

5 英語論文の書き方

5.1 わかってもらえる英語論文執筆のポイント

- 文の主語はその文のトピックの中心単語にする
- 動作を表す言葉は必ず動詞を使う．できるだけ名詞を動詞化する
- 一つの文には一つの事柄だけを書く
- 一つのパラグラフでは，一つのアイデアを体系化して述べる．まずそこで述べるトピックを主題文（topic sentence）として初めに書き結論を述べる．それに続く文は，主題文をロジックに従って具体的に説明する支持文（supporting sentences）とし，著者の主張をストーリーとして述べる
- 支持文の書き方には，重要な事柄に従って書く，主題文で述べた事柄の順序に従って書く，経時的に事柄を説明する，原因－結果についての説明に続いて対照・比較・並列を行う，などのやり方があるが，いずれの場合でも論理の飛躍を避け，各々のアイデアのつながりを明らかにする
- 不必要な単語や，論理の展開に必ずしも必要でない文を削除して，可能なかぎり簡潔にする
- 実験結果についての事実と，その解釈や意味づけを同じ文に書かない

5.2 英語論文執筆の順序

　論文を書くときには，「一つの主題だけに限り，しかも必要な事柄はもらさない」ようにする．さらに，読んでわかりやすい，筋の通った英語論文を作るには，最初の原稿（first draft）から最後の原稿（final draft）まで，4～5回の書き直しをすることが必要である．きれいにプリントアウトされた草稿を見ると，欠点がはっきり見えるし，打ち間違い（タイプミス）も見つかりやすい．

<英語論文執筆の順序>

(1) 仮に表題を決め本論から最後まで，とにかく書く．次に，序論と著者抄録を書く
(2) 3分の2に短縮するつもりで再読する．英文法に重点を置き，注意深く声に出して読んでみてスムーズに読めるように書き直す
(3) 少なくとも一週間ほうっておいて，頭を冷やして再読し，訂正する．一応の仕上げとして印刷する
(4) 英語と内容のわかる人に目を通してもらう
(5) 英語のネイティブ・スピーカーの科学者または技術者に添削してもらう
(6) 訂正された英文を再度読み直し，オリジナルから意味が変わっていたら修正する
(7) 書き直してカバーレターを付けて投稿する

<各ステップにおける注意事項>

(1) 論文は，本論（Materials and Methods）から書き始める．次に表と図を含む結果（Results）を書く．続けて考察（Discussion），序論（Introduction），著者抄録（Abstract），謝辞（Acknowledgments），引用文献（References）の順に論文を仕上げていく．

この順序で書く理由は以下の通りである．

- 本論から結果を書いている時点で，実験データが不足していることに気づく場合がある．
- 考察で述べるべき論点をあらかじめ整理し，論理の筋道を立てておける．
- 序論で触れておくべき問題点，この論文で自分が目指している点，その達成度と評価をまとめることができる．

(2) 短い単語や簡潔な文を使うと，文章がきびきびしてリズムが出て表現がいきいきするので，英語論文では簡潔さがよいスタイルとされている．したがって，原稿を書いたら，不必要な単語・表現を省くことに注力して英文を修正する．

(3) 論文を書いた後すぐ読み直すと，自分の書いた英文が頭に残っているため，打ち間違い（タイプミス）や論理のおかしい文章があっても読みすごしてしまう．少なくとも一週間放っておいて頭を冷やして，他人の論文だと思って（けちをつけるつもりで）再読すれば，間違いは簡単に見つかる．

上の(2)と(3)のステップを満足いくまで繰り返す．

(4) 研究指導者や上司に原稿を見てもらう．著者が複数のときには，共著者に意見を求め，全員が最終稿を承認するまで修正してもらう．修正原稿を再度読み返し，語句の選択や構文を改善し，書き間違いを修正する．

(5) 英語で論文を書いたら，英語を母国語とし理工系のバックグラウンドをもつ研究者・技術者の添削（ネイティブ・チェック）を受けることが望ましい．しかしそのためには，「英語の文章で述べようとすることが，完全に相手に理解できるように書かれていなければならない」．このレベルに達していない場合には，添削してもらったら，英語は上等になるかもしれないが，最初に意図したものとは違った意味になってしまうことがよくある．これは思考論理（発想）の差や歴史的背景の違いなどに根ざした日本人英語共通の誤りから誤解が生じることが多いからである（第2章で議論したように，最初に日本語で書いた論文を英語に直接翻訳した原稿に多い）．このような場合には，対面方式で添削者と対話しながら，こちらの言いたいことを正しい英語に直してもらう必要がある．

(6) ネイティブ・チェックを受けた英文を注意深く読み直す．(5)で述べたように修正された英文が自分が書きたい内容と異なっている場合には元の意味になるように書き直す．

(7) 投稿する雑誌の編集者（Editor）にカバーレターを付けて必要書類をそろえて送付する．

5.3 科学・技術英語論文の書き方に関する基本的な注意

　科学・技術論文を英語で書くときに，心がけるべき重要な点は「言いたいことをいかに明瞭に表現するか」である．このための基本的な注意点を述べる．

5.3.1 中心の主題を一つに限定し，全体を統一する

　論文を書くときには，何を扱い，何を捨てるかを選択する必要がある．すべてを取り入れようとすると平面的記述の羅列になり失敗する．したがって次のようにするとよい．

　論文の内容として，一つの主題の理解に必要なことがらだけに限り，しかも必要なことがらはもらさないようにする．

　この中心の主題が表題（Title）となるが，まず述べたい内容のエッセンスを仮の表題（working title）として決めて論文を最後まで書く．すべて書き終わったら，内容を見直して最終的な表題を決める．これは，読者に関心をもってもらえるように，長すぎず，しかも必要最低限の情報が織り込まれたものにすることが重要である．

5.3.2 読者の立場に立って書く

　論文を書くときには，読者の立場に立って，わかりにくい点はないか，論点のはっきりしない議論はないか，まだ答えていないポイントはないか，などを考慮しつつ，どのように書けば読者に理解してもらえるかということを常に意識し，文全体の構成，パラグラフ・センテンス・単語と文のすみずみにまで神経を届かせること．ここで読者としては知識において幅をもった専門集団(moderate specialists)を想定すること．

　さらに，読者から見て少しでも読みやすい文章にするには，ある程度でき上がった段階で適当と思われる第三者（なるべく複数）に読んでもらうとよい．

　「読者の立場に立って書く」ためには，研究の説明をするときに，定性的ではなく定量的な書き方をすること．例えば，

　　　× Changing the pressure caused a large increase in temperature.
　　　はあいまいであり，何をしたのかわからない．書き直すには，
　　　「何が変化するのか？」「何の圧力か？」「何の温度か？」
　　　などをはっきりさせ，次のようにすること．
　　→ Increasing the chamber pressure by 20％（from 100 to 120 Pa）caused a 5％ increase in the substrate temperature（from 300 to 315 K）.

5.3.3 嫌がらずに何度でも書き直す

　読んでわかりやすい，筋の通った論文を作るには，最初の原稿（first draft）から最後の原稿（final draft）まで，4〜5回の書き直しを覚悟すること．また，原稿はプリントアウトして読み直すこと．きれいに印刷された原稿を見ると欠点がはっきりする．何度も書き直すことの利点については，H. G. Wells（*The Passionate Friends*, 1913）が次のように書いている．

> The toil of writing and reconsideration may help to clear and fix many things that remain a little uncertain in my thoughts because they have never been fully stated, and I want to discover any lurking inconsistencies and unsuspected gaps.

すなわち，書くという作業は思考へ大きなフィードバック効果をもたらすので，書き直しを嫌がらないこと．

5.3.4 準備は細心に，しかし最初の原稿は大胆に

構想をまとめ始める段階でとるべき手続きは下記の順序で行うこと．
(1) 扱いたい主なトピックスの概要を短く記し，それらを論理的で，理解しやすい順序に箇条書きする．（A4判の用紙1枚程度）
(2) 見出しや小見出しによって，論文の組立てがわかるような概要を作る．
(3) トピックスを最も効果的な位置に動かし，各トピックについては簡潔ではあるが，必要かつ十分な程度まで表現を磨いて最終の概要とする．

いよいよ**最初の原稿**（**first draft**）に取りかかったら，できるだけ一気に仕上げること．このときには，どのような構成にしたら読者に筆者の言いたいことが抵抗なく伝わるか，という点に注意してどんどん最後まで書いていく．

5.3.5 概括的なこと・興味を引きそうなことは，なるべく前に

章でもパラグラフでも，概括的な導入をまず述べ，それから細部に入る．すなわち，あらかじめ必要な情報を読者に与え，伝えようとする眼目をまず理解してもらう．

新しい事実や変わった結果など「ニュースバリュー」のありそうな記述は，章やパラグラフの中でも早めにそれなりのめりはりをつけて書く．逆に言えば，必要ではあっても退屈に感じられがちな細かい記述は後回しにする．

なるべく平易な単語と平易な表現を用い，長いセンテンスは避ける．図表や写真などは視覚的効果も大きいので，これらを積極的に活用する．

5.4 英語論文の構成（IMRAD方式）

英語の論文は次に示すように，**IMRAD方式**が標準となっている．

> Front Matter（前付け）(Title, Authors and Affiliations, and Abstract)
> **I：Introduction**（序論，前書き）(**What did I do?**)
> **M：Materials and Methods**（材料と方法）(**How did I do it?**)
> **R：Results**（結果）(**What did I find?**)
> **A：and**
> **D：Discussion**（考察）(**What does it mean?**)
> Conclusion
> Back Matter（後付け）(Acknowledgments and References)

5.4 英語論文の構成（IMRAD方式）

(1) **IMRAD方式の各項で注意すべきポイント**
- Introduction（序論，前書き）
  研究テーマに焦点を絞って目的と重要性を述べる．
  研究方法と主要な発見を述べる．
- Materials and Methods（材料と方法）
  試薬や実験方法を具体的かつ詳細に述べる．
  結果や考察は入れない．
- Results（結果）
  得られた重要な結果を簡潔に述べる．
  実験方法や考察は入れない．
- Discussion（考察）
  研究テーマに関連した結果の重要性を述べる．
  Methodsのところで述べたものとは別の方法や，それ以外の方法で得られた結果は入れない．

この後にConclusion（結論）を配置する．

(2) **英語の論文は三拍子構造**
英語の論理的な構文はIntroduction, Body, and Conclusionの三つの要素から構成されるが，論文もこの三拍子構成からなっている．

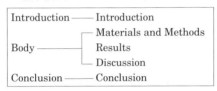

それぞれの書き方については以下に注意すること．
(i) Introduction
- 論文全体が取扱うトピックについて一般的な言葉で導入する．
- 筆者の一番言いたいこと（thesis statementやtopic sentence）をここで述べることにより，その論文を何のために書くかを明らかにする．英語論文で結論を一番初めに書くのは，最初の導入部を読めば，筆者の「言いたいこと」がはっきりわかるからである．一般的な言葉で始まり，最後に筆者自身の意見へと絞り込んでいく最初のパラグラフは，「じょうご」に論理を流し込むかのようである．

(ii) Body
- Materials and Methods, Results, DiscussionがBodyに相当する．
- 論文全体のトピックを支える事実（実験や理論，結果，考察）を述べる．
- Bodyは沢山のパラグラフからなっているので，論文全体の「三拍子」の中に，いくつもの子供の「三拍子」が入っていると考えることもできる．

(iii) Conclusion
- 最後のConclusionに求められるのは，Introductionの要約あるいは言い換えであり，書き手の最終的な意見を述べることである．

・文字通り「結論」であるから，書き出しに "In conclusion, ..." がよく使われる．
(3) **英文執筆の文体**
これらの章を記述する文体には
Narration（物語文）：何かについて，事象が起こった順に説明する
Description（描写文）：何か観察する場合，客観的な事実を中立的に述べる
Exposition（説明文）：自分の意見や感情を入れながら説明する
の三つがあり，これらをうまく使い分ける必要がある．
・Introduction: Description（描写文）
「過去にこのような事実があった」という研究の背景を述べる．
・Materials and Methods: Narration（物語文）
実験の経緯をたんたんと述べる．
・Results: Description（描写文）
「このような結果が得られた」と述べる．
・Discussion: Exposition（説明文）
Results を受けて「私はこう解釈する」と述べる．
・Conclusion: Exposition（説明文）
著者の最終的な見解を述べる．

5.5　英語論文の各構成項目の書き方

(1) **英語論文の構成**
IMRAD 方式よりも詳細に見ると，英語論文は次の部分から構成される．
 1. 表題（Title）
 2. 著者と所属（Authors and Affiliations）
 3. 著者抄録（Abstract）
 4. 序論（Introduction）
 5. 本論（Materials and Methods または Theory and Experiment）
 6. 結果（Results）
 7. 考察（Discussion）
 8. 結論（Conclusion）
 9. 謝辞（Acknowledgments）
 10. 引用文献（参考文献）（References）
 11. 図と表（Figures and Tables）
 12. 付録（Appendix）

(2) **読者に読んでもらえる論文の重要項目**
読者が論文を手にしたときに「論文を精読するかどうかを決めるプロセス（読み方の順序）」は何か，またその項目に対する要求事項は何かを以下に記す．
　　First Step：表題（Title）を見る
　　　➡表題には論文の内容の中で著者が最も重要なものとして取り上げた事項を表

Second Step: 著者抄録（Abstract）を見る
　➡表題と著者抄録は論文の顔である．論文の最も重大なことがらを的確に表現することが必要．最も重要な結論を含んでいること．
Third Step: 図や表等を見る
　➡これらをインパクトのあるものにするためには,以下を考慮することが必要．
　　・どの図と表をどの順序で載せるか
　　・図の書き方，図の中にどんな言葉を書き込むか
　　・どういう図の説明文（Figure Captions）を付けるか
Final Step: 再び表題と著者抄録を注意深く読む
以上でインパクトがあるものと判断すると，その論文を精読することを決意する．

5.5.1 表題（Title）

　表題は，読者が一番初めに目にする部分なので，最も重要である．最近では，論文の表題を利用したさまざまな情報サービスがあるので，表題を通して論文に接する人が増えてきている．そのため，表題は論文を構成する section の中で，最も重要な役割を果たすようになってきている．ちょっと見ただけで論文に目を通したいという気を起こさせるような適切な表題を付けることが必要である．

(1) 表題の書き方

- 具体的に研究内容や結論までわかるものとする
- 論文の主題を最初に出す（メッセージを含める）
- 内容を正確に表し，かつ簡潔であること
- 1 行におさめ，文ではなく句にする
- 長さの目安：12 words, 100 characters 以内
- 内容を限定するキーワードを必要にして十分な程度に題目に含ませる
- Study on, Research of, Observation of, Investigation of, Analysis of 等は科学・技術論文では当然のことだから，これらの語句は避ける
- 略語や省略形は使わないで，すべて書き出す（スペルアウトする）
- 文頭の冠詞や前置詞は省略してよい

　　× Investigation of the Reaction of Compound Formation in the Reactive Evaporation Process
　この表題では，どのような Investigation（研究）だったのか，どのような Reaction（反応）を問題にしているのか，どのような Compound（化合物）ができ上がったのかがわからないので，読者はこの論文を読みたいとは思わないだろう．
　➡ X-ray Microanalysis of TiC and AlN Films Formed by Reactive Evaporation Method
　修正された表題では，Reactive Evaporation Method（反応型蒸着法）により作成した TiC と AlN 薄膜の X-ray Microanalysis（X 線微量分析法）による研究,

ということがわかるので，材料（TiC, AlN 薄膜）に興味をもっている人，薄膜作成法によりそれら材料の結晶性がどう変わるかに興味をもっている人たちに論文を読んでもらえる可能性が高くなる．

(2) 表題での大文字の使い方
- 最初の単語は大文字で書き始める．
- 重要な単語は大文字で書き始める．
  重要でない単語：冠詞（a, an, the），前置詞（at, for, in, with, about, ...），
  　　　　　　　　接続詞（and, but, while, ...）
- ハイフンでつなぐ単語は，ハイフンに続く単語で重要なものはすべて大文字で書き始める．ただし X-ray は例外．

5.5.2 著者と所属（Authors and Affiliations）
(1) 著者と所属の書き方

> - 論文執筆の貢献度の順に著者を記載する．または投稿論文誌や組織内で規定される順序で記載する（研究に実質的な貢献をした人だけを著者とする）
> - 著者の名前の表記は姓名を省略しない形にし，それをすべての雑誌で使用する（山田太郎は Taro Yamada とする）
> - 各々の著者の所属（組織名称と住所）を特定する．所属する組織が異なる場合は上付きの記号や数字を名前の後に付け，各々の所属先を名前の下に書く
> - 窓口となる著者（corresponding author）を決め，連絡先（e-mail address など）を書く

(2) 著者となりうる研究者の 4 条件
- 研究のアイデアを出し，研究データを取り，データの解析と解釈をした人
- 論文原稿を書いた人，またはその重要な改変・改訂を行った人
- 最終原稿を確認し，著者であることを認めた人
- 研究の正確性・誠実性（accuracy or integrity）についての疑問に対して適切に対応できる（2013 年追加）

5.5.3 著書抄録（Abstract）
著者抄録には次の 3 通りの使い方があるため，論文の最も重要な導入部である．
- 専門が同じ研究者は，まずこれに目を通して，その論文が読むべきものであるかどうかを判断する．
- 関連分野の研究者は，たぶんここだけ読んで要領を得ようとする．
- 抄録雑誌は，情報提供のため，著者抄録をそのまま転載することがある．

(1) 著者抄録を書くときの注意点
- 読者が論文の基本的内容を理解できるための十分な情報を提供すること．
- 背景の情報を除いた論文全体の重要な点を述べること．
- 論文の内容と結論とを最も簡潔に伝え，しかも論文中に含まれるすべての新しい情報をもれなく具体的に書くこと（informative abstract）．
- 著者抄録は必ず表題と一緒に印刷されるので，表題の内容を繰り返さない．

5.5 英語論文の各構成項目の書き方

(2) 著者抄録の書き方

- 自己完結型とし，1パラグラフで書く
- 書き出しの文で，研究の主題とその取り扱い方を明示する
- 次に，実験，計算などの具体的なやり方を書く
- 実験，理論の結果を具体的に書く．結果が最も重要であり，主要な発見だけを書く．数値まで挙げること．傾向，基本的反応などを記述する
- 考察をうまく凝縮した結論を入れる
- 抄録の長さには制限があるので，言葉を上手に選び情報を凝縮する

(3) 著者抄録（**Abstract**）での過去形・現在形の使い方

- 研究の方法・成果・結果は，研究中に得られた過去の事実なので，過去形で書く．
- 研究から導き出された見解や結論は「願わくは永久不変の理論」として世に提唱したいので，現在形で書く．
  - × We concluded .... （研究していたときはそう結論したが，（今は違うかもしれない））
  - ➡ We conclude .... （今でも結論は変わらない）

なお，理論やシミュレーションの論文では著者抄録をすべて現在形で書くことが多い．

(4) 著者抄録（**Abstract**）に書いてはいけない項目

- 自分や他の研究者が行った過去の研究の記述はしない（背景情報は載せない）
- 既知の事実は発表しようとしている研究の一部ではないので抄録には載せない
- 広く一般的に使われていない略記法，記号，述語は，抄録の中で定義しない限り使ってはならない
- 本文中の式，図，表などを，Eq. 1, Fig. 2, Table 3 というように引用してはならない．式を引用する必要があれば，式そのものを書く
- 抄録の中では特定の文献を引用してはならない．研究そのものを引用する必要があるときは，完全な形で記述する

以上まとめると，表題と著者抄録は，その分野の専門家でない読者にもわかるような言葉で，論文の正確な位置付けを理解させるものでなくてはならない．表題と著者抄録以外の部分を見なくても，論文の目的と主要な結論がわかるように書くこと．

5.5.4 著者抄録と序論で用いる略語の使用法

(1) 略語を使用する利点と欠点

略語を用いる利点には次のようなものがある．

- 本文中に同一語群が繰り返し使われ，特にそのつづりが長い場合は，頭文字をとった略語を使用するとよい．
- 著者にとっての利点：論文作成時間が短縮され，spelling errors を減らせる．
- 読者にとっての利点：文章がすっきりして読みやすくなる．

一方，略語を用いると次のような問題が起こる可能性がある．

- 略語は関係者だけにしか伝わらない，いわば隠語であるので，門外漢にはストレスを与えるし，誤解される心配がある．
- キーワードであることが多いので，略語の意味を読み逃すと，論文の内容を理解できなくなってしまう．

したがって，原則として，科学・技術論文ではできるだけ略語を使わないことが肝要である．

(2) 略語使用のルール
- 略語を導入するときには，初出時にその略語の正式名称をスペルアウトし，その直後に括弧書きで略語を入れる．例えば chemical vapor deposition (CVD) とし，論文の残りの部分を通じてその略語を使用する．
- 論文が長いときには，結論（Conclusion）の部分では，スペルアウトした語を繰り返す方がよいこともある．これは結論の部分だけを読む読者が多いから．
- 文字間にピリオドは不要である．すなわち C.V.D. ではなく CVD とする．
- 略語に小文字の s を付けて複数形を作ることができる．
- 表題（Title）では略語は使わない．
- 著者抄録（Abstract）で略語を定義しても，序論（Introduction）でもう一度定義する．著者抄録においては，語数を減らす必要がない限り略語は使わない．
- フルペーパーでは，少なくとも本文中に5回以上出てくる単語に限る（雑誌によっては略語の数を四つか五つ程度に制限しているものもある）．

(3) 略語の種類

頭文字語（initial word）**または略語**（abbreviation）：頭文字をそのままとったもので，一文字ずつ読む

 CCD（シーシーディー）charge coupled device（電荷結合素子，画像センサ）
 CVD（シーヴィーディー）chemical vapor deposition（化学蒸着法）
 LCA（エルシーエイ）life cycle assessment（ライフサイクルアセスメント）
 LCD（エルシーディー）liquid crystal display（液晶ディスプレイ）
 LED（エルイーディー）light emitting diode（発光ダイオード）
 MRI（エムアールアイ）magnetic resonance imaging（磁気共鳴影像法）
 SEM（エスイーエム）scanning electron microscope（走査型電子顕微鏡）
 STM（エスティーエム）scanning tunneling microscope（走査トンネル顕微鏡）
 TEM（ティーイーエム）transmission electron microscope（透過型電子顕微鏡）

頭字語（acronym）：略語が一つの単語として発音されるほど一般化したもの

 laser（レーザー）light amplification by stimulated emission of radiation（レーザー）
 NASA（ナサ）National Aeronautics and Space Administration（米国航空宇宙局）
 radar（レーダー）radio detecting and ranging（レーダー）

注意事項："scanning electron microscope (SEM)"（走査型電子顕微鏡装置）と定義した場合には，"scanning electron microscopy"（走査型電子顕微鏡

技術) は SEM で示すことはできなくて, scanning electron microscopy とスペルアウトすること.
(4) 略語の使用例
× The **FCP** has two bus interfaces, the **MPU** bus interface and the **VM** bus interface. The word size of the **MPU** data bus is 8 bits and the word size of the **VM** data bus is 16 bits.
問題点：略語 FCP, MPU, VM の定義がない.
　　　　MPU と VM を繰り返し用いている.
→ The **facsimile codec processor**（**FCP**）has two bus interfaces, the **micro processing unit**（**MPU**）with the bus word size of 8 bits and the **video memory**（**VM**）with the bus word size of 16 bits.

5.5.5 序論（Introduction）

序論は, 著者の観点（philosophy または viewpoint）を述べるところである. そのためには, まず研究の背景（background）を述べる. その背景あるいはすでにわかっていることの上に立って, どういう問を発しているのか, 問に答えることにどのような意義があるかを述べる. 序論は下図に示すように漏斗型で書き, general statement から始めて, specific に問題点をはっきりさせていく.

(1) 序論（**Introduction**）の位置付け

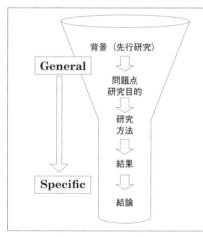

- どういう背景があるのか
  （一般的な事柄から導入）
    → 背景
- どういう未解決の問題があるのか
  なぜ今まで未解決だったのか
    → 問題点, 研究目的
- それに対してどういう工夫をしたか
    → 研究方法
- どのような結果が得られたか
    → 結果
- その結果からどのようなことが言えるのか
    → 結論

(2) 序論（**Introduction**）を書くときの注意点
- 背景説明（**backgound = knowns**：何がどこまでわかっているのか）
  この論文で何を扱っているのかを明らかにする. そのためにこれまでの定説やわかっていること（先行研究）を, 具体的な情報をもとに要領よくまとめて提示する（5W1H で）.
- 問題点（**problems = unknowns**：何がわかっていないのか）

これまでの論点ではわかっていないところや問題点を指摘する．
- **研究目的**（**objectives and challenges**：何の問題を解決するのか）
 この論文のねらいとする問題の主論点を明らかにする文で現在形にて述べる．
- **研究方法**（**approaches, methods**）
 上で述べた問題をどう解決するのかの方法を示す．
- **結果**（**results**）
 結果や解答のうち，特に強調したい新知見を簡明に述べる．
- **結論**（**conclusion**）
 本文の内容を短くまとめ，結果から導かれる結果を示す．

(3) 序論の書き方

- 研究の背景（background），研究目的（objective），研究方法（methods），結果（results），結論（conclusion）の五つをバランスよく書く
- 五つの項目の割合は，研究の背景説明が5割，研究目的が2割，研究方法，結果，結論がそれぞれ1割ずつを目安とする
- 研究の背景では、沢山の論文を引用しないで，問題点の存在を示す論文のみを取り上げる
- 研究目的は明確に書く
- 研究方法については，実際使用した方法だけを書く
- 結果と結論は，できるだけ短くまとめ，研究目的に直接関係のあることだけに限って書く
- 長い論文の場合には，論文構成の概略を記す
- 抄録の大部分を序論で繰り返すことは不可

5.5.6 本論（Materials and Methods または Theory and Experiment）

本論（Materials and Methods）で全体の論文の質を評価されるので，本論では，その中に書かれている情報だけで著者の主張がすべて理解できるように書く．例えば，使用する記号はすべて明瞭な説明を与え，また一貫した記号を使う．データを示す場合には，どういう誤差がありうるか，データの精度はどれだけかを明記する．同様に，結論はどんな条件で成り立つかを明示する．

(1) 本論（**Materials and Methods**）の書き方

- 順序立てて，自分が行った実験のやり方を記載する
- これまでにその手法を使った文献があれば，引用する
- 他の研究者が結果を再現できる，または同じような経験を得ることができるように十分な情報を書き込む
- 実験に用いた装置や使用した薬品を明確に記す（会社名，国名，都市名まで記載する）
- 商標名は避けた方がよい（海外で通用しないかもしれない）
- 簡潔であると同時に本質的なディテールを落としてはならない
- 書き方に工夫を凝らし，同じ文型の羅列や記載の繰り返しを避ける

(2) 本論の英文例
- The following is a brief description of the techniques used to detect ....

（次に〜を検出するのに使った方法を簡単に述べる）
- The test samples used to compare three of the above methods were ....
  （上に述べた三つの方法を比較するのに使われた試験試料は〜であった）

すでに報告がある実験方法についての英文例
- The experiments were carried out as previously described in the literature (Ref. No.).
- The experiments were performed as previously described by Ono and Taylor (Ref. No.) with the following modifications.
  （注：本文中での引用文献では，著者の first name の initial は付けない）

(3) **American Institute of Physics** の手引きにある本論（**Materials and Methods**）の書き方

Do not assume that your reader has all the background information that you have on your subject matter. Use commonly understood terms instead of local or highly specialized jargon; define all nonstandard symbols and abbreviations when you introduce them. Indicate the methods used to obtain experimental results. If they (the methods) are novel, state the basic principles involved, the operational ranges covered, and the degree of accuracy attained.
（扱われている主題に関して，読者が著者と同じ程度の基礎知識があると思ってはならない．……限られた仲間で使う言葉や，特に専門的な用語を避けて，一般にわかる言葉を使うこと．広くふつうに使われているわけではない記号や省略語は，最初に使うときに意味をはっきり示すこと．実験結果に対しては，使った方法を明記すること．その方法が新しいものだったら，その方法の原理，使える範囲，精度を書く．）

5.5.7 結果（Results）

(1) 結果（**Results**）セクションの役割
- 本論（Materials and Methods）で記載された材料と方法によって得られた結果（＝新知見，観察結果）や実験結果を要領よくまとめて述べる．
- 図や表を使って結果をサポートするデータを読者にわかりやすく提示する．

(2) 結果の書き方

> - すべての結果を書くのではなく，重要なポイントを最もわかりやすい表現で，よく理解できるような形で書く
> - 考察的なこと（結果についての分析や解釈）は書かない
> - 定量的な表現を使い，定性的な表現やあいまいな表現は避け，数値で表す
> - 図・表・写真を使い，論理の展開を単純化する．ただし，同じような図をいくつも使わない
> - 実験から得られた結果を書くので時制は過去形を用いる

複雑なデータはなるべく図や表にして（その際要点をまとめて）示し，本文を読まなくても結果が理解できるようにすること．

(3) 図表の作り方と使い方
- 得られたデータから何を主張したいかにより，図か表のどちらを使うかを決める．
- 表はデータを正確かつ詳細に提示できる．一方，図はデータのもつ傾向や問題点を直観的に示すことができる．
- 図の使用に関しては，データの主張を最も効果的に表現できるグラフにする．
  集合棒グラフ：各項目の値を比較
  折れ線グラフ：時間の経過に伴うデータの推移を示す
  円グラフ：構成比率を表す
- 本文中には結果についての解釈や要点だけをロジカルに書き，図表については，その特徴のみを書く（図表を見ればわかることを，本文に重記しない）．

(4) 結果の書き方の注意点
- 結果は常に過去形で書く．
- 能動態，受動態のどちらも可能であるが，直接的で科学・技術論文に適しているという理由で，能動態を使用するのがよい．
  × The membrane was crossed by the protein.
  ➡ The protein crossed the membrane.
  × As shown in Fig. 1 .... ➡ Figure 1 shows ....
  × It was recently shown by the authors that ....
  ➡ We have recently shown that ...

5.5.8 考察（Discussion）
(1) 考察（Discussion）の目的
- 考察（Discussion）は，その論文において筆者が最も個性豊かに主張を繰り広げ，序論（Introduction）で立てた仮説に対しての解答を示すとともに，その意義（＝何が新知見か）およびこれまでの知見との相違点とその意味するもの，さらにその適応範囲と今後の課題などを述べるところである．
- 筆者のロジックが，ストーリー性をもって読者に迫ってくるように書く．
- その書き方の良否が査読者（referees）や読者の心証を大きく左右する．

(2) 考察（Discussion）の書き方

- 序論（Introduction）で立てた仮説についての解答を書く．必要ならその修正を行う．仮説の証明こそが科学であるから，ここでは実験結果の繰り返しをしないで，結果の評価を述べること
- その理由と裏付け，その解答の適用できる範囲などについて必要に応じて述べる
- これまでの知見や考え方と今回の解答との関連や違い，およびその違いが生まれた理由，新しさ（＝新知見とその意義，重要性）と限界について論じる
- 新知見から考えられる今後の課題と研究の必要性，あるいは取り組み方（＝方法論）を述べる（研究成果の価値を主張する）
- 解答の重要性を簡潔に繰り返すか，解答が適用されたときの影響や今後の予測などを書いて締めくくる（結論の価値・有用性を PR する）

(3) 考察での現在形と過去形の使い方
- 考察の項は，ある部分は過去形で，ある部分は現在形で書く．
- 著者自身の結果は過去形で書く．
- 他の研究者の結果は，発表された研究が「確立した知識」とみなされるので，現在形で書く．
- 自分の結果の解説は現在形で書く．

5.5.9 結論（Conclusion）

結論では，前項の考察の結果を踏まえて，本文の内容を短くまとめ，実験や解析の結果から導かれる結論，すなわちこの研究で何がわかったかを述べる．読者は著者抄録の次に結論に目を通すことが多いから，自分の研究の結果として読者に強く印象付けたいことをわかりやすく，魅力的に述べる．あなたの研究の結論（あるいはその一部）は教科書に載るかもしれない．したがって，結論での言葉使いは厳密にする．

(1) 結論の書き方

- 最も重要な結果だけを書いて，付帯条件や理由をごたごた並べない
- どのようにしてその結論に至ったかは述べず，この場合にはこうなり，また別な場合にはこうなる，と箇条書きにするとわかりやすい
- 結論は，著者抄録，序論，そして結論と3回現れる．したがって同じ言葉は繰り返さず言い換える．これにより読者がもしある箇所で理解できなくても，他のところでわかる可能性が高くなる
- 次になすべき研究は何かについて簡単に触れる

(2) 結論は現在形で書く

過去形は「過去のある時点」での状態を言っており，現在とは何の関係も影響もない．これに対して，現在形は現在との関係において論じられる．

「(以上の結果から) われわれはこの方法は磁場解析に効果があったと結論した」
× Thus we **concluded** that this method **was** effective for magnetic analysis.
この文には次の問題がある．

- **concluded** と過去形を使えば，「その時点ではそのように結論した」のは事実だが，現在もその結論を信じているか否かはまったく言及されていない．したがって，読者は「今はどのように考えているのでしょうか？」と問いたくなる．

  そのような結論に達したのは研究が終了したときであって，論文を書いているときではないので，日本語では「(研究が終了したときに) 結論した」と「過去形」で書く．しかし英語では，過去形は現在に言及できないので，その研究が終わったときに結論を出したには違いないが，原稿を書いている時点でもそれが正しいと信じているのなら，

  "Thus we **conclude** ...."
  と現在形で書かなければならない．

- 同様に **was effective** と過去形で書くと，現在に言及できないので，結論したときには「有効であった」だけのことを意味し，現在それが有効かどうかは読者

にはわからない．今でも有効であれば，
"Thus we **conclude** that this method **is** effective for magnetic analysis."
とすべて現在形で書かなければならない．

5.5.10　謝辞（Acknowledgments）

論文に関連した討論（discussions），助言（advice（not advices）），指導（guidance），援助（assistance），激励（encouragement）をしてくれた人やアイデアや資料の提供などをしてくれた人の名前を示して，感謝（acknowledgments）の意を表する．以前は主語に the author(s) を使うことが奨励されていたが，最近では I（We）を用いる例が増えてきている．感謝の対象となる人に Dr., Mr. などのタイトルを付けるときには，first name の initial か first name を付けなくてはならない．すなわち，Mr. T. Sato または Mr. Taro Sato とする（Mr. Sato は不可）．タイトルを付けた方がより丁寧である．

(1) 謝辞の書き方

> ・何について感謝するのかをはっきり記す
> ・大袈裟な言葉を用いず，なるべく簡略な表現にする
> ・個人や組織の名前およびイニシャル，あるいは研究援助資金の名前（例えば NEDO（新エネルギー・産業技術総合開発機構）や JST（科学技術振興機構）の国家プロジェクト）については，誤りのないように注意すること
> ・個人に感謝する場合は，原則として本人の了承を得たうえで名前を挙げること

(2) 謝辞の例
- We would like to thank 誰々 for 何々．
- We wish to acknowledge valuable discussions with 誰々．
- We are indebted to Professor Y. Wada for his help in the preparation of this paper.
- We appreciate the help received from Mr. P. T. Anderson with the mass analysis.
- The authors want to thank Drs. C. Ishii and K. Kawamura for valuable discussions.
- 典型的な感謝すべき事項：
    関心と激励：his or her continuous interest and encouragement
    批評：his or her comments on this paper
    計算の援助：assistance in several calculations
    原稿の閲覧：reading the manuscript

5.5.11　引用文献（参考文献）（References）

引用文献は非常に重要である．論文の質は，引用文献を見るだけでほぼ言い当てることができるからである．よい論文は，引用文献のスタイルが統一していて正しい．例えば，同一人物なのに Y. Okano と Yasumasa Okano の両方が混ざって書かれて

いることはない．どちらのスタイルでもよいが，統一すること．
　さらに，よい論文はよい論文を引用する．レベルの高い雑誌の論文を引くとよい．ただし，同じ研究グループの論文をたくさん引きすぎるのは避ける．逆に，その研究テーマで，この人の論文を引用しないのはおかしい，というくらい著名な人が必ず何人かいる．そういった人の研究結果をきちんと引用する．

(1) 文献引用の仕方

- 原著論文では，関連論文を網羅的に引用する必要はない
- 自分の論文と直接に関係するものだけを，もれなく引用する
- 読者に入手可能な文献に限る
- 私信または非公開資料の引用はできるかぎり避ける．やむをえず私信を引用するときには発信者の了解を得ること．私信や非公開資料は文献リストには入れないで，脚注または本文中に出所を示す
- 著者自身が以前に他の論文に書いたことは，原則として繰り返して書かない．この場合は要点を数行に圧縮して書き，「詳細は前の論文参照」とする

(2) 引用文献の書き方
- 番号方式（バンクーバー方式）
"According to Tanaka[3]..." "Tanaka (3) reported that ..." のように，出てくる順に番号を付け，引用文献（References）に番号順に並べる．同じ文献を何回も引用する場合には，初出のときと同じ番号を付ける．このとき，文献の引用はその引用事実の記述の後に引用の数字を記すのが原則である．もし引用がその文全体にかかるのなら，文章のピリオドの後に引用の数字を記す．
- 著者名・年方式（ハーバード方式）
「According to Tanaka (2010) ...」のように，著者名と発表の年（同じ著者が同じ年に発表したいくつかの文献を引用するときには，2010a，2010b のようにする）を記し，引用文献（References）に第一著者の姓の ABC 順に各文献の書誌要素を並べる．
注：どちらの方式においても一つの引用の中に二つ以上の文献を挙げてはいけない．

(3) 引用(参考)文献の書き方の注意点
- 正確を期すること．できるかぎり，オリジナルの論文にあたってチェックし，著者名のつづりを正確に書く（孫引きをするべからず）．
- 著者が複数の場合，書誌要素としては必ず全員を記載する．欧文の場合は，名は頭文字（initial）だけを記す．
- 雑誌名は，国際規格に従って略記する．欧文で和文誌を引用する場合には，誌名をそのままローマ字書きをする．正式欧語名が決まっている場合には，括弧に入れてこれを示す．
- 書誌要素をどういう順序で並べるかは，それぞれの雑誌のやり方に従う．
　　Y. A. Ono and J. Hara, J. Physics C**14** (1981) 2093．（英国式表記）
　　Y. A. Ono and P. L. Taylor, Phys. Rev. **B22**, 1109 (1980)．（米国式表記）
　　Lewis, R. and Gomer, R. 1969 Surface Sci. **17**, 333．

- 単行本やモノグラフの引用文献の書き方
  著者名，書名，ページ数を，出版年，出版社名，出版都市名（もし同名の都市が他にあるとか，あまり有名でない場合には，州名，国名を記載）とともに必ず記載する．

  Yoshimasa A. Ono, "*Electroluminescent Displays*," (Series on Information Display, Vol. 1) (184 pages) (World Scientific, Singapore, 1995).

  引用文献が，数人の著者により書かれた書籍の一部の場合には，普通の単行本で必要とされる事項以上の情報を盛り込むこと．必要とされるのは，その論文の著者名，論文タイトル，ページ数であり，次に "in" を書いて，編者名，書名，出版社名，出版都市名を続ける．

  Y. A. Ono, "Present status of inorganic full-color El displays," in R.H. Mauch and H.-E. Gumlich (eds.), *Inorganic and Organic Electroluminescence, EL 96 Berlin* (Wissenschaft und Technik Verlag, Berlin, 1996), pp.273-278.
- 出版されていない文献を引用するのは避ける．どうしても必要な場合は
  Author(s), (to be published)
  Author(s), Phys. Rev. B (in press)（論文が受理されて印刷中のとき）
  のように記す．

5.5.12　図と表（Figures and Tables）
(1)　論文中で図表を使う利点
- 図表は，情報を凝縮したものである．
- 図表は，即座に理解することができる．
- 図表は，本文中に書かれたデータを補足したり強調したりすることができる．

このため，文章での説明が難しい場合には，適切な図を入れることにより論文がわかりやすくなる．特に，複雑なプロセスや結果を記述するときや，沢山の結果や数字を記述するときに有効である．さらに，言葉による記述が難しい視覚的傾向を示すときやさまざまな複雑な傾向を比較するときには，図による記述が必須となる．

一方，正確な実験データの数値が必要な場合は，表が有効である．しかしこのとき，同じデータを図と表の両方で示すことはしない．このようにすることにより，図表は論文の説得力を高めるのに役立つ．

(2)　図表の作り方・使い方

- 図と表には必ず通し番号を付ける
- 読者はしばしば図や表に最初に注目するので，図にも表にも，番号に続いて必ず説明（captions, legends）を書く
- 説明（captions, legends）は，原則として本文を読まなくてもその図や表の中身が理解できるように書く．図では図の下に，表では表の上に説明を付ける
- 図や表は論文の中に出しっぱなしにしないで，本文中でそれらの図や表に必ず言及する
- 図表の説明と同じことを本文には書かない

- 論文中に図や表が一つしかない場合でも，Fig. 1, Table 1 のように番号を付けておいて，その番号でその図や表を refer するようにする
- Fig. 1 や Table 1 などでは，以前はこれらを固有名詞として扱って，F や T を必ず大文字で書いたが，最近は小文字を用い fig. 1, table 1 とすることも許されている（この点については，雑誌の投稿規定に従うこと）
- 測定結果や理論値などを示す曲線は，よく整理してまとめ，類似の曲線は同じ図の中に並べて描くのがよい．比較しやすいしスペースの節約にもなる
- 図や表に出てくる名詞については，冠詞や単数・複数の問題は特に注意しなくてもよい．冠詞を省き，単数形で示すことが多い
- 図の縦軸・横軸の説明と図中の説明の英字は原則としてすべて大文字で書く
- 図の向きは，文章を読みながらそのまま見える向きとする
- 丸（circle），四角（square），点線（dotted line），破線（dashed line）などを使ったグラフの場合は，本文を読まなくてもその各々の記号の意味がわかるように，caption で説明する
- 実験装置の略図を挿入図（inset）としてグラフの上部に入れておくと，図を見ただけでデータのポイントの意味がわかってよい

(3) 図作成上での注意事項
(i) 必ず盛り込むべきもの
- 何を示したものか（何と何の関係か）
  縦軸, 横軸が何を示すかを書く．縦軸の説明を縦軸に沿って英文で書く場合には，書き始めが手前（図の下側）になるようにする．
- 表示する物理量の単位，座標軸の目盛り
  数量的な結果の表示には必須．物理量だけでなく Length L (m) のように，名称，数量を示す記号，単位を並べる．このとき数量を示す記号は L のように斜体（italics）にし，単位を示す記号は m（メートル）のように立体（roman）にする．単位の付け方には
  L (m)（米国流）（Phys. Rev. など）
  L /m（欧州流）（国際単位系（SI）など）
  の2通りがある（どちらを使うかは，雑誌の投稿規定に従うこと）．
- 図中に使用した記号の説明，2本以上の曲線があるときにはその説明
  "The dots represent the measured spectra and the solid curves are the calculated results."
  "The black circles are for sample A and the solid circles are for sample B."
(ii) 必要に応じて盛り込むもの
- 生データの近くを通るように描いた滑らかな曲線
- 比較するための，他の研究結果（他の実験，理論，数値計算）など
  これらは，図が繁雑にならないかぎり，なるべく付加する．それにより今回の研究結果の位置付けが明確になる．
- 図中に使用した記号の説明，2本以上の曲線があるときにはその説明

(4) 図表の説明（**captions**）の書き方
  ・図や表は原則として，本文を読まなくても，それだけで概略の内容がわかるように書くこと．このため，図や表の説明（captions, legends）にかなりのスペースをとられることを考えておくこと．
  ・図の説明の英語は文法に従ったものでなくてはならないが，冠詞は省略することがある．"This figure shows that ...."というような言葉が説明の最初で省略されているように書いてよい．そこで説明の最初の語は"Variation（変化）"とか"Time dependence（時間による変化）"というように，名詞になることが多い．
  ・統一性をとること．同じような内容の図では同じ言葉で説明をする．
(5) 本文中での図の引用に関する注意点
  ・図の番号は本文の中に出てくる順序にする．
  ・文法上は，番号付きの図は固有名詞として扱う．したがって冠詞は付けない．
     × in the Fig. 1 ➡ in Fig. 1
     ○ in the figure
  ・文章中では Figure は Fig. と略し，Figures は Figs. となる．文章の初めではこの省略をしないで，次のように書く．
     × Fig. 2 shows .... ➡ Figure 2 shows ....
  ・1枚の図の二つの部分（Fig. 3a と Fig. 3b のような場合）は，両方を一緒に言うときには複数と考える．両方をまとめて考えている場合には単数となる．
     普通は，Figure 3a and 3b show that ....
     特別なときには，Figure 3a and 3b, considered as a unit, shows that ....
(6) 表（**Table**）の例と作成上の注意点

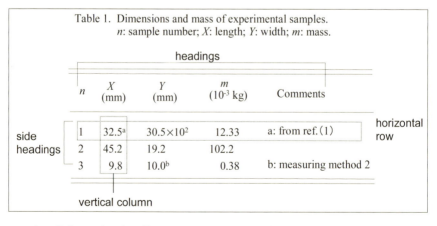

・表の説明は，表の上に付ける．Table 1 などの番号に続き，表題，必要最小限の説明を追加する．
・表の最上段には，下にくる数字の意味や物理量名などを書く．その下の段に，単

位を括弧付きで入れる．単位の欄の下に線を引き，実際のデータはその下に入れる．

縦線は，数字が接触しないかぎり入れない．
- 数字の記入では，小数点の位置を上下で合わせる．「$\times 10^3$」などが共通に付く場合，一番上の数字だけに付ける．

(7) 表作成の手順
　(i) 表の構成
　　・欄を分離するための縦の線（rule とよぶ）は使わない．
　　・欄の見出し語のところは水平の線を使ってもよいが，表の中では使わない．
　　・同じ欄の数字は小数点をそろえる．
　　・4桁以上の数字には3桁ごとに空白を入れる．空白でなくコンマを使うと小数点と紛らわしいので避ける．二万三千四百五十六は 23456 でも 23,456 でもなく，23 456 とする．
　(ii) 表の見出し
　　・表題は短く，内容をうまく表す用語を用いる．
　　・物理的性質，測定値など表の数値の全体像を示す用語を用いる．
　(iii) 欄の見出し（**headings**）
　　・欄ごとに見出し（heading）が必要である．
　　・欄をさらに分けなければならないときは，小見出し（sub heading）を付ける．このときは，見出しと小見出しは線で区切る．
　(iv) 表の中の脚注
　　・表の下端の線のすぐ下に注を書いて表の中のことを説明するのには，a), b) のようにアルファベットの小文字に括弧の片側を添えたものか，参照符（reference mark）を用いる．参照符には次のものがよく使われる．
　　　　* asterisk　　　　§ section
　　　　† dagger　　　　¶ paragraph
　　　　‡ double dagger　♯ sharp
　　・脚注は，他の資料を参照するように指示する命令文であるので，最後には終止符（period）がいるし，意味が正しくとれるように句読点を付けること．

5.5.13 付録（**Appendix**）

本文に入れるには繁雑すぎる詳しいデータあるいは式の詳細な導出過程等は，付録として論文の末尾に入れる．本文中では，"See Appendix A." を挿入して，付録に詳細な説明が与えてあることを指摘しておく．繁雑な式を扱う場合には，本文中には式を立てるときの考え方と計算結果の解釈を述べて，詳細な説明は付録に回す．

原稿を用意する段階では，付録一つごとに改ページし，"Appendix A" 等の見出しを中央に，あるいは左に寄せて付ける．付録の中の文章の書き方も，本文中と同じでよいが，式には (A1), (A2) のように，本文中とは異なる番号を付ける．

6 辞書の使い方

6.1　発信型英和辞典——英文を書くための辞書

　英和辞典は，使用目的に応じて，編集方針が二つに分かれている．英文を読んで理解するために用いるのが「受信型」，英文を書くために用いるのが「発信型」である．「受信型」の辞書は語数が多くて何でも書いてある方が便利であるが，「発信型」の辞書は語数が少なくても，それぞれの単語についての語法情報や例文が多く載っているものがよい．この「発信型」の辞書を用いて，「単語の意味を調べる」だけでなく，**「語法説明を読む」**習慣を付けることで，正しい英文を書くことができるようになる．辞書を読むという新しい発想で，これらの辞書を使いこなすことにより，英語のネイティブ・スピーカーにわかってもらえる英文が作れるようになる．

　「発信型」の英和中辞典で最近出版（改訂）されたものをいくつか挙げると，「ジーニアス英和辞典（第5版）」(2014)，「プログレッシブ英和中辞典（第5版）」(2012)，「ウィズダム英和辞典（第3版）」(2012)などがある．また，英文作成に最適な「発信型」の学習英和辞典としては，「スーパー・アンカー英和辞典（第5版）」(2015)，「ライトハウス英和辞典（第6版）」(2012)などがある．

　発信型の英和辞典には，以下に示すように書くために非常に役に立つ語法・語彙情報が載っている．

(1)　名詞の用法（可算名詞か不可算名詞か）

　名詞には C (countable 可算) と U (uncountable 不可算) が区別してある．すなわち複数形にしてよいかどうかが示されている．These informations .... と書き出して，これでよいかどうかを辞書で調べて見ると U となっていて，不定冠詞を使って an information としたり，複数形語尾を付けて informations のようにしたりしてはいけないことを教えてくれる．

(2)　動詞の用法

　「提案する，勧める」の意味で suggest を使いたいときに，例文を調べると

　　　〇 They suggested to him (that) he (should) go alone.

という文章が載っている．さらに，次に示すように日本人が使いがちな間違いの例が ×印を付けて書かれている．

　　　× They suggested him (that) ....
　　　× They suggested him to go ....
　　　× He was suggested to go ....

(3)　形容詞，副詞の用法

　比較級があるか，叙述的用法か，限定的用法かが記述してある．例えば occasionally という語を引くと，（比較なし）と書かれており，これは比較級がないことを示す．

つまり，more occasionally .... というのは適切ではないということである．
　また，obtainable という語は，「通常叙述」となっている．これは，
　　○ This book is no longer obtainable.　× This is not an obtainable book.
ということを意味している．
(4) 簡単で役に立つ用例が載っている
　特に重要なのは，われわれが陥りやすい，使ってはいけない誤用の例が多く書かれていることである．上に述べた occasionally の語法欄では，「sometimes とは違い，very や only を付けて頻度の低さを強調することができる」と書かれており例文として
　　go out very occasionally［×sometimes］（ごくたまに外出する）
が挙げられている．
　また，単語の使い方（ニュアンス）についてのコメントもある．
　　It is increasingly evident ....
と文章を書き始めたが，気になって increasingly を引いて見ると，「しばしば否定的含みの語と共に用いる」とあり，become increasingly difficult（いよいよ困難になる）という用例が載っている．したがって，肯定的な文章には使わない方がよいことがわかる．
(5)　語と語の意味的なつながりを示すコロケーションや用例が豊富
　例えば，「スーパー・アンカー英和辞典」で information を引いて，《コロケーション》の欄を見ると，
　　【動詞 + information】に find information, gather［collect］information など六つ，
　　【形容詞 + information】に additional information, detailed information など七つ
が挙げられている．書くための辞書にはこのような注意書きがあり有効である．
　以上の利点があるため，英文を書くときには，「発信型」の辞書で単語の使い方を徹底的に調べるようにするとよい．少しでも疑問が生じたら，すぐ辞書にあたって調べる習慣を付けることにより，単語の正しい意味と使い方がわかるようになる．言葉も変化するから，古い辞書はだんだん役に立たなくなる．特に理工系では最新の語が検索できることが重要であるので，最新の辞書を購入して，いつもそばにおいて「辞書を読みながら」英文を作成することが肝要である．
　ここで，電子辞書についてコメントしておく．電子辞書は情報の提示が「点と線」だけで，「広がり」に欠ける．すなわち，表示スペースの制限から，最初の画面に出てくるのは単語の意味だけであり，重要な例文は「例文」のボタンを押さないと出てこない．英文作成には，辞書に示されている豊富な生きた例文が命であるので，伝統的な紙の辞書の方が，例文を見開き 2 ページで一望できることから利用価値が高い．

6.2　発信型英和辞典の特長

　最近発行または改訂された発信型英和中辞典，学習英和辞典とその特長を下記する．

(1) 発信型「英和中辞典」の特長
  (i) 「ジーニアス英和辞典（第5版）」（**2471**ページ）（南出康世編集，大修館，**2014**）
    ・第4版から8年ぶりに大改訂．収録語句10万5000語．新語5000語句を追加
    ・語義・用例，語法解説を全面的に見直し，より新しい情報，わかりやすい記述
    ・コロケーション（連語）を重視し，「コロケーション＋」欄を新設
    ・カラーイラストページ Picture Dictionary を新設
    ・「類語比較」欄を170に増加．前置詞のイメージがつかみやすい工夫など
  (ii) 「プログレッシブ英和中辞典（第5版）」（**2293**ページ）（瀬戸賢一他編，小学館，**2012**）
    ・「学習」よりも「実用」を重視し，内容を一新．ビジネス実務に，また，最新メディアを読み解くのに役立つ，ビジネスパーソンのための英語ツール
    ・新語・時事語，慣用表現などを含む13万8000項目を収録
    ・多義語は，意味の把握，使いこなしを重視し，基本義を中心まとめた
    ・コーパスに基づいた連語（コロケーション）情報と用例を多数収録
    ・ビジネスや日常生活で出会う頻度の高い表現，実務に使えるフレーズが満載
    ・語義への的確なアクセスと，読みやすさを追求した洗練された紙面
  (iii) 「ウィズダム英和辞典（第3版）」（**2240**ページ）（井上永幸他編，三省堂，**2012**）
    ・学習・実務のニーズに対応する10万2000項目を収録．基本重要語は徹底解説
    ・コーパスを全面活用した，現代英語・語法につよい上級学習英和の決定版
    ・語法・読解・文法・オーラルの角度から学習をサポートする各種コラム，類義語コラム
    ・頻度順の語義配列で，求める意味をすばやく検索可能
  (iv) 「ロングマン英和辞典（初版）」（**2040**ページ）（池上嘉彦，ジェフリー・リーチ，長尾真，上田明子，柴田元幸，山田進監修，ピアソン・エデュケーション，桐原書店，**2007**）
    ・日英共同プロジェクトによる日本人学習者向けの英和辞典
    ・10万2000語の単語・成句を収録．例文はネイティブ・スピーカーにより厳選された8万3000例を収録，英語のニュアンスを正確に捉えた日本語訳が付いている
    ・各語義説明は，コーパス（3億3000万語）に基づいて使用頻度順に配列
    ・2000項目の「語法」「誤用」「差別表現」「語源」「コロケーション」などに関する解説
  (v) 「オーレックス英和辞典（第2版）」（**2368**ページ）（野村恵造他編，旺文社，**2013**）
    ・入試問題や言語資料に基づいて約10万5000項目を収録

- ・文法・語法解説，派生語・語源・コロケーション表示が充実
- ・英語圏ネイティブの言語使用実態がわかる「PLANET BOARD」
- ・「Communicative Expressions」「中心義」「NAVI 表現」欄
- ・「メタファーの森」「Boost Your Brain」「Behind the Scenes」等のコラム新設

(2) 発信型「学習英和辞典（英文作成に最適）」の特長
  (i) 「スーパー・アンカー英和辞典（第 5 版）」（**2208** ページ）（山岸勝榮編集主幹，学習研究社，**2015**）
  - ・高校英語からビジネス英語に対応できる 7 万 2000 項目を収録
  - ・明快・親切な「語法解説」欄とわかりやすい「類語」欄
  - ・「意味メニュー」，「直訳の落とし穴」，「英語文化のキーワード」と「日⇔英比較」欄
  - ・「コロケーション」，多義語の「プロフィール」，語源情報などの「info」欄

  (ii) 「ライトハウス英和辞典（第 6 版）」（**1824** ページ）（竹林滋他編，研究社，**2012**）
  - ・収録語数 約 7 万．時代を反映する新語・新語義を積極的に収録
  - ・「語法」「用法注意」「日英比較」「類義語」などの解説が充実
  - ・会話や作文に役立つ用例・成句，名詞と動詞の「コロケーション」を多数収録
  - ・多義語の意味が一目でわかる「語義の要約」「語義の展開」
  - ・基本会話表現，文法解説，和英索引などを巻末付録に

  (iii) 「コアレックス英和辞典（第 2 版）」（**2018** ページ）（野村恵造編，旺文社，**2011**）
  - ・日常学習から受験対策まで使える中級学習英和辞典．総項目約 7 万
  - ・詳しい文法・語法解説，見やすくわかりやすい「語の使い分け」
  - ・コミュニケーション力を鍛える Communicative Expression や語用論解説
  - ・ネイティブ・スピーカーの使用実態を解明した PLANET BOARD
  - ・長文読解のカギ Word Quest で，重要テーマを集中的に解説
  - ・言葉にまつわる日英比較をまとめた「英語の発想」
  - ・米・英の最新文化事情を伝える「文化コラム」

6.3 和英辞典の使い方

英作文をするときに必要なのは，「和英辞典」と思いがちだが，**これは大きな間違いである**．「和英辞典」を駆使した文章は，英語のネイティブ・スピーカーから「意味がわからない」と言われることが多い．それは日本語の思考法で考えた文を，無理やり日本語の単語を一つ一つ英単語に翻訳したところで「英語」にはならず，「奇妙な表現」になってしまうからである．

(1) 和英辞典使用の注意点
  - **・和英辞典は，名詞・動詞を調べるときのみに使う**
    形容詞，副詞，日本語の慣用句を和英辞書で調べると，半分以上の確率で「奇妙

な表現」に陥る．これらに対しては，まず日本語⇒日本語訳（和文和訳）したり，よく理解している単語を用いて書くようにする．
- 和英辞典で調べた単語は，英和辞典・英英辞典で必ず用法を確認する
  手間がかかるが，これで間違える確率が減り，記憶に残る確率も高くなる．
(2) 役に立つ和英辞典の特長
  (i) 「プログレッシブ和英中辞典」（第4版）(**2103** ページ)（近藤いね子，高野フミ編集主幹，小学館，**2011**）
    - 収録項目9万3000語．英米人が徹底校閲したフレッシュな用例11万5000収録，150点に及ぶ図版で，事物の名称2400項目を表示（2色刷）
    - 伝えたい日本の文化，伝統，風物などを生きた英語で解説した「説明」欄
    - 詳細な語義区分，豊富な慣用表現で英作文をサポート
    - 「生活の中の数の表現」「英語の句読法」等，役に立つ付録
  (ii) 「スーパー・アンカー和英辞典（第3版新装版）」(**1792** ページ)（山岸勝榮編集，学習研究社，**2015**）
    - 高校英語からビジネス英語，英語関連資格・検定に対応できる4万5000項目を収録
    - 日本人英語学習者が英訳で誤るポイントを解説した「直訳の落とし穴」
    - 日本語のもつ微妙なニュアンスまで丁寧に分析し，適切な英語訳と文例を掲載
    - 英訳する際の考え方・注意点を注釈した「英訳のツボ」
  (iii) 「ライトハウス和英辞典」（第5版）(**1440** ページ)（小島義郎，竹林滋，中尾啓介，増田秀夫編，研究社，**2008**）
    - 基本語中心で，見出し語約2万5000＋成句・複合語見出し約1万
    - 語法等についての豊富な注記，必要に応じて掲載の「類義語」欄で解説
    - 英語の発信に役立つよう「つなぎ言葉」「使役表現」などの項目を増補

6.4 辞書の使い方

(1) 不精せず，辞書を引きまくれ
  - 英語論文を書くときには，自分が完全に意味や使い方を把握している言葉を除いて，すべて一度は辞書を引くことが必要である．特にやさしい単語（例えば前置詞や動詞）ほど難しい．カタカナ語は発音と意味を確認すること．
(2) 和英辞典で見つけた単語は英和辞典や英英辞典で確かめる
  - 和英で調べた単語で，自分の表したい意味が英和にないとき，または他の意味の方が強くて誤解されそうなときはその単語を使うのは避けよ．
  - 和英辞典で見つけた単語は，十分自信がないかぎりもう一度英和，英英で引きなおし，さらに活用辞典を用いて例文をチェックせよ．
(3) 和英辞典を引く前に，その言葉，あるいは句・節をできるだけ言い換えてみて，一番よさそうなものを引け
(4) ミススペリングに注意（特に l と r の取り違え）

(5) 英語活用（**English collocations**）辞典や正用法辞典を活用せよ
- 動詞や名詞は必ず活用辞典や学習辞典で用法をチェックせよ．

このように，書くときには読むときよりはるかに頻繁に辞書と相談することが必要であり，自己流の創作は通用しない．すなわち，

> 総合的語学力は辞書を引いた回数に比例する！

(6) 英英辞典，英和辞典，英和活用辞典で単語の内容をチェックする必要性
- 英和辞典には，言葉の定義ではなく，「対応語」や「訳語の例」だけが示されているので，ピッタリとした日本語が見つからない場合がある．このような言葉の定義の核心に迫るような説明は英英辞典で見つけることができる．
- 慣用的な語と語のつながり，すなわち collocation の情報に関しては，最近の英和中辞典，学習英和辞典にも多くの例が取り入れられているが，さらに詳細に調べたいときには，「英和活用辞典」（例えば，「新編 英和活用大辞典」(New Dictionary of English Collocations)（研究社，1995））などを参照する．
- 単語の語感，語の使用レベルに関しては，最近の英和中辞典や学習英和辞典ではスピーチレベルの情報も相当充実してきており，ある語の地域的・時代的・文体的差異について表記されるようになってきた．類語のニュアンスの差を探るためには大辞典（例えば，「ランダムハウス英和大辞典（第2版）」（小学館，1994），「ジーニアス英和大辞典」（大修館，2001））の類語欄か類語辞典（Thesaurus）を参照するとよい．

ノートパソコンを使い，出先で英文を書く必要があるならば，パソコンに辞書をインストールするのがよい．英文作成用には「新編・英和活用大辞典」(1995) が最適である．これをインストールしておけば，例えば「どんな動詞が argument（議論）という名詞を目的語にとるか」「どんな形容詞が結び付くか」「どんな前置詞が後続するか」といったコロケーションに関する情報が多く収録されているため，正しい英文を作ることが可能となる．さらに「ジーニアス英和辞典」や "Longman Dictionary of Contemporary English"，"Oxford Advanced Learner's Dictionary" などの学習英英辞典もインストールしておけば，強力な「英文作成支援環境」がどこでも利用可能となる．

6.5 辞書は「生鮮食料品」：買い替えが必要

Birmingham 大学のパンフレットに

> The student **themself** remains liable for all fees and debts to the University ....
> （〈親や保証人等ではなく〉学生自身が大学に対して授業料や負債の支払いの義務がある）

という表現があり，ここの themself は themselves の間違いではないかと思い，最新の辞書を調べてみた結果は以下の通りである．
- "Collins COBUILD Advanced Learner's English Dictionary（改訂第5版）"

(2006)

"**Themself** is sometimes used instead of 'themselves' when it clearly refers to a singular subject. Some people consider this use to be incorrect. *No one perceived themself to be in a position to hire such a man.*"

- "Longman Dictionary of Contemporary English（4訂増補版）"（2005）
"used when you are talking about one person, but you want to avoid saying 'himself' or 'herself' because you do not know the sex of the person. Many people think this is incorrect: *It makes me happy to help someone help themself.*"
- 「プログレッシブ英和中辞典（第 5 版）」（2012）
その人自身（himself, herself）（性別を区別せず単数名詞・代名詞を受ける再帰代名詞；単数名詞・代名詞を they で受けたとき，その再帰形が単数であることを示すために作られた新造語）
- 「ジーニアス英和辞典（第 5 版）」（2014）
"themselves の単数形. Somebody here obviously considers themself above the law.
ここにいるだれかは明らかに自分は法の適用外だと考えている．（この単数形は長く使われていなかったが，単数の they の出現とともに復活してきたもの．しかし，この用法は標準語法として確立しておらず，themselves を用いるのがふつう．堅い書き言葉では himself or herself が用いられる．）

以上示したように，言語は絶え間なく変化している．新語の出現，語義の追加・消滅，スペリングの変化，文法・用法の変化などがあり，英語もこうした変化を免れることはできない．したがって新しい辞書には，このような変化に対する情報が随時盛り込まれる．例を挙げると，「プログレッシブ英和中辞典」には，Internet service provider（インターネットへの接続サービスを提供する業者（略：ISP）），URL（uniform resource locator（インターネット上の情報サイトの場所を表す http:// で始まる表記），search engine（データベース検索用のプログラム）が，「ジーニアス英和辞典」には, blog（ブログ）（個人的な意見などを日記に近い形式で公開するウェブサイト），twitter（ツイッター）（140 文字以内のつぶやきを投稿し，コミュニケーションする Twitter 社のミニブログサービス）などのパーソナルコンピュータやインターネット関連の語彙が豊富に掲載されている．
また「ジーニアス英和辞典」には，性差別・人種差別・障害者差別等につながりうる語句には，被差別表現を《PC》（PC = politically correct）という表示を付けて掲げて，不要な性差別を含意する語に代わって使われるようになってきたニュートラルな表現を示している．例えば，fireman 消防士（《PC》firefighter），waitress 女の接待係，ウエイトレス（《PC》waiter, waitperson, waitron）など．
さらに，学習英和辞典では，「語法」欄を設けており，例えば chairman に関しては，「(1) chairman は建前上男女兼用であるが，-man に抵抗のある女性解放運動家によって 1970 年代に chairperson という語が生まれた．しかし，現在では chair が好まれ

る傾向がある．(2)（会社などの）会長，社長の意では chairperson はややぎこちない，という人もいる．(3) 特に女性であることを明示したい場合には chairwomen を用いる．」と記述されている．

このように，英語の変化に対応して辞書の記述も変わってきており，古い辞書だけ使っていたのではこのような変化がなかなか見えてこない．したがって，新しい辞書を使うことが必要となるわけである．

6.6 英英辞典を使おう

単語の意味を手っ取り早く知りたいときは英和辞典で十分用が足りるが，上で述べたように原語と対訳がぴったりこない場合や用法を知りたいときは，英英辞典の方が参考になることが多い．これを使うことにより，英語に触れる機会が多くなり，自ずと英語能力が向上するので，中級〜上級の学習者には大いに役に立つ．

(1) 「受信型英英辞典」と「発信型英英辞典」での "**dog**" の定義
  (i) a highly variable domestic mammal (*Canis familiaris*) closely related to the common wolf (*anis lupus*)　(Webster's Ninth New Collegiate Dictionary)
  (ii) carnivorous quadruped of genus Canis, of many breeds wild and domesticated　(The Concise Oxford Dictionary)
  (iii) an animal with four legs and a tail, often kept as a pet or trained for work, for example, hunting or guarding buildings. There are many types of dog, some of which are wild.　(Oxford Advanced Learner's Dictionary, Seventh Edition)
  (iv) a common animal with four legs, fur and a tail. Dogs are kept as pets or trained to guard places, find drugs etc.　(Longman Dictionary of Contemporary English, 4訂増補版)

となっている．このうち(i), (ii)は「受信型」であり，英語のネイティブ・スピーカーが使う辞典である．言葉の正しい意味を知るときに役立つが，"carnivorous quadruped of genus *Canis*" のように英語のノンネイティブ・スピーカーにとっては難しい単語が使われている．これに対して，(iii), (iv)は英語のノンネイティブ・スピーカーが用いることを前提にして編集された「発信型」の学習英英辞典である．定義用の語彙を基本語((iii)では 3000 語, (iv)では 2000 語）に制限しているので意味がわかりやすく，さらにすぐ使える例文が豊富に示されているので，作文や会話に役立つ．

(2) 学習英英辞典の語法説明："**could**" の使い方

語法（Usage）については，一般の英英辞書よりも学習英英辞典の方が説明が充実している．"could" を例にとり説明しよう．

「天気がよかったので，湘南で泳ぐことができた．」

を英訳して，

It was a fine day, so we could swim at Shonan.

とすると，少々問題がある．この場合の could は能力を表す can の過去形であるが，

実際にはこの could は「通例過去のある期間を示す語句を伴って……する能力があった（備わっていた）」ということを示しているだけで，実際にそれを行ったか（＝実行）どうかについては，何も言っていない．すなわち上の英語の意味は，「天気がよかったから，泳ぎが可能な状態になっていた」ということになる．

これを学習英英辞典でチェックしてみよう．例えば，*Longman Dictionary of Contemporary English* (LDOCE) では，1995 年に発行された 3 訂新版の "USAGE NOTE: CAN" に詳しい説明があり，それを要約すると以下のようになる（2003 年発行の 4 訂版では，WORD CHOICE となっている）．

- For past ability either **could** or **was/were able to** is used, but sometimes with slightly different meaning. **Could** often suggests more someone's ability that they had for some time (but perhaps did not use): *I could swim when I was eight* (= I knew how to). *She couldn't buy a ticket* (= She didn't have enough money).
 (could は能力や力（the ability or power）があったこと（だけ）を表す）
- **Was/were able to** may suggest more that the situation allowed someone to do something (perhaps with effort): *By arriving at two I was able to swim for an hour* (The pool was open long enough to allow this). *I wasn't able to buy a ticket* (= There were none left/ I didn't manage to get one).
 (「能力と実行」(the ability to do something and then doing it; *could and did*) の両方を表すには be able to do や manage to do を用いる．)

では，他の英英辞典ではどうかというと，英語ノンネイティブ・スピーカーのユーザーを念頭に置かない一般英英辞典ではこのような注記はまったくない．LDOCE の最大のライバル COBUILD (Collins COBUILD Advanced Learner's English Dictionary) や Oxford Advanced Learner's Dictionary などの学習英英辞典でもこの点についての記載がない．LDOCE が日本人学習者をかなり意識している結果を示しているようである．

一方英和辞典では，語法の解説が豊富なことで知られている「ジーニアス英和辞典」(2014) の "could" の項の語法欄を見ると以下のように解説している．

［could と was able to］

a) 一般に，I could do it. と言えば「しようと思えば（これから）それをすることができる」という仮定法の意味になるのがふつう．これを「（特定のときに）それをすることができた」のように過去の 1 回限りの行為に使うのは通例不可．代わりに was/were able to を使う：I was able to ［× could］get there by 4:00 yesterday because I got a lift from him on the way. 昨日は途中で彼に車に乗せてもらったので 4 時までにそこに着くことができた〈この could の例を認める人もいるが，まだ標準語法として確立していない〉．was/were able to 以外に managed to do, succeeded in doing も用いることができる．しかし，動詞の過去時制ですませることも多い．

b) ただし，次の場合は例外的に認められる：否定文あるいは almost, nearly,

hardly, only, just（かろうじて）などの副詞とともに使われたとき〈この場合は couldn't も was/were not be able to もほぼ同義〉：Frank was sick. He couldn't play in the match. フランクは体調が悪かったので試合には出られなかった / The train was so crowded that the passengers could hardly move. 電車は大変混んでいたので，乗客はほとんど身動きがとれなかった / I could only get two free tickets. 無料入場券を2枚だけ手に入れることができた．

以上示したように，学習英英辞典（特にLDOCE）は，現代英語の意味，用法のみならず語法を詳説しており，英語のノンネイティブ・スピーカーが英文を書くために参考とすべき内容が満載されているので，これをおおいに活用すべきである．

(3) 学習英英辞典の特長
  (i) **Longman Dictionary of Contemporary English（LDOCE）**（ロングマン現代英英辞典）（**第6版**）（**2224**ページ）（**Pearson Japan, 2014**）
    - 23万の見出し語，語句，語義を収録．16万5000の自然な例文を掲載
    - 紙面デザインを一新し，大量のコロケーションやシソーラスを例文付きでボックスにまとめる
    - 現代英語の意味，用法を基本2000語（ロングマン定義用語）で平易にわかりやすく解説
    - よく使われる話し言葉と書き言葉3000語を赤で表示
    - レジスター・ノートでは，話し言葉と書き言葉の違いを解説
  (ii) **Oxford Advanced Learner's Dictionary（OALD）**「オックスフォード現代英英辞典」（第9版）（**1820**ページ）（**Oxford Univ. Press,** 旺文社**, 2015**）
    - 18万5000以上の見出し語・語句・語義を収録．基本語3000語で解説
    - ライティング学習に役立つ内容を充実し学習ページ「Oxford Writing Tutor」新設
    - 会話表現の学習用にOxford Speaking Tutorを新設．英文作成用にOxford iWriter
    - A.S. Hornbyの手によって日本で生まれた最初の英語学習辞典（Idiomatic and Syntactic English Dictionary）を起源とし，学習者への配慮を重視
  (iii) **Collins COBUILD Advanced Learner's Dictionary**（第8版）（**1968**ページ）（**Collins CoBUILD, 2014**）
    - 見出し語11万以上，2000語の基本語で定義したfull sentencesでの表示
    - コロケーション表示5500以上，エクストラ・コラムに文法情報
    - 語義をすべて並列配列し，語句の解説を単刀直入な「定義文」で表現
    - 4億3000万語を超える最大の英語コーパスCollins Corpusに基づく新鮮な用例
  (iv) **Cambridge Advanced Learner's Dictionary**（第4版）（**1856**ページ）（**Cambridge Univ. Press, 2013**）
    - 見出し語14万語，例文10万，イラスト2000．2000の基本語で解説
    - 「1語1語義」方針を採用——語義が異なれば別見出し

- 主な見出し語については CEFR の A1 や B2 などの符号付き
- 'Focus on Writing' section を新設

(v) **Macmillan English Dictionary for Advanced Learners**（第 2 版）（**1748 ページ**）（**Macmillan Education, 2012**）
- 2 億語のコーパスを基に，3 万のイディオム・慣用語句と 10 万語を収録
- 2500 語の定義語により英語の語句を簡潔・明快に解説
- 話す・書くために重要単語（7500 語）は赤字にして注意を喚起
- 囲み記事スタイルで，論文の書き方，コロケーションを説明
- 新コラム 'Improve your Writing Skills', 'Expand your Vocabulary"

6.7 大型英和辞典，英和活用辞典

科学・技術英語論文を読むための受信型大型英和辞典と英和活用辞典の特長を以下に示す．

(1) 受信型大型英和辞典の特長
  (i) 「ランダムハウス英和辞典」（第 2 版）（3185 ページ）（小西友七他編，小学館，**1994**）
  - 見出し語：34 万 5000，豊富な用例と詳細な解説，現代英語の語法を詳説
  - 口語，俗語，成句から商品名，人名などの固有名詞まで徹底収録
  - コンピュータや遺伝子工学などの最新の専門用語を追加
  - 重要な単語は網羅しており，熟語や日常語では「リーダーズ英和」を凌ぐ

  (ii) 「ジーニアス英和大辞典」（**2508 ページ**）（小西友七，南出康世編集主幹，大修館，**2001**）
  - 日本では初めてコーパス（2000 万語）を利用して編集，25 万 5000 語を収録
  - 最新のコンピュータ・インターネット用語を多数採録し，基本的な語には用を付けている
  - 「ジーニアス英和辞典」の伝統である語法解説を一段と充実
  - 発音つづりで書かれた文字――視覚方言（eye dialect）――を 5000 語以上収録
  - 婉曲語法（euphemism）・PC 語（非差別的表現）を豊富に収録
  - 大辞典と学習辞典を合わせたハイブリッド辞典

(2) 英和活用辞典の特長
  (i) 「新編 英和活用大辞典」（**2782 ページ**）（市川繁治郎他編，研究社，**1995**）
  - 英語らしい英語を書くことを意図した日本人のための辞書．勝俣詮吉郎編集の「新英和活用大辞典」の大改訂版で，例文の 8 割を刷新
  - 例文を倍近く増やし，38 万語の用例を収録
  - 見出しは名詞，動詞，形容詞，統語的連結（不定詞，wh-, that 節），その他で，「連結」（コロケーション）の例を網羅
  - 英語を書く人にとって不可欠の辞典

6.8 英語辞典の購入指針

辞書を買い足すあるいは買い換える場合の**「英語辞典の選び方の指針」**を示す．

(1) めくってみて，何となく見やすい

英語辞典は長時間にわたって何度も引くものなので，めくって見て，読みやすくて使い勝手のよさそうなものを選ぶこと（フォント，配置など自分の趣味に合ったものを選ぶこと）．

(2) 単語だけでなく，熟語や用例が豊富に出ている

論文の英語では，熟語や慣用表現が沢山出てくるし，単語を一つ一つ切り離して捉えるのではなく，それが使われている例文を探し，まねをして英文作成（英借文）するのが効果的である．したがって，熟語や慣用表現の意味のほか，わかりやすい用例（例文）が豊富に載っている辞書がよい．

(3) 発行または改訂されたのが過去 4, 5 年以内である

言葉は生きものだから，常に変化している．ところが，辞書の編集には普通何年もの歳月がかかる．特に IT（情報技術）分野を中心に新語がつぎつぎと登場している今日では，ますます頻繁な改訂が求められる．したがって，英語の勉強に使う辞書は，過去 4, 5 年以内に発行，または改訂されているものを使うこと．

7 明確な英語論文を書くテクニック（作文技術）

この章では「明確な英語論文」を書くための作文技術のノウハウを，例文を用いて示す．このときのモットーは
Carefully, fully, and clearly（注意深く，あますところなく，明確に）
である．

7.1 文頭（Beginning of Sentences）

(1) 文を算用数字（アラビア数字），ギリシャ文字，記号（元素記号），略号で始めてはならない．文頭に数を示す言葉がくるときは必ずスペルアウトする．

文頭に数字がくるときには，ほかの数字と結び付いて数字が不明確になったり，消えてしまったりする可能性がある．また，記号や略語を用いると，文頭のcapitalizationの習慣と衝突するので，これを避ける必要がある．

文頭では，t represents time. と書くことができないので Symbol t represents time. とする必要がある．また，語の最初が小文字か大文字かで意味が異なることもある．例えば，he（人称代名詞）と He（ヘリウムの元素記号），si（音符のシ）と Si（シリコンの元素記号），china（陶器）と China（固有名詞の中国）などである．

× **16** samples were used in the present experiment.
→ **Sixteen** samples were used in the present experiment.
× **500 g** of the sample was added to the solution.
→ **Five hundred grams** of the sample was added to the solution.
→ **The sample**（500 g）was added to the solution.
× α-decay lifetimes are influenced by several factors.
→ **Alpha**-decay lifetimes are influenced by several factors.
× **Ga** adsorption on a Si(100) surface was studied.
→ **Gallium** adsorption on a Si(100) surface was studied.
× ^{59}**Co** is removed from the waste water.
→ **The radioactive element** ^{59}**Co** is removed from the waste water.
× $\boldsymbol{E}$ is defined by $\boldsymbol{E} = \boldsymbol{e}_1 + k\boldsymbol{e}_2$.
→ **The vector** $\boldsymbol{E}$ is defined by $\boldsymbol{E} = \boldsymbol{e}_1 + k\boldsymbol{e}_2$.
→ **The term** E is defined by $\boldsymbol{E} = \boldsymbol{e}_1 + k\boldsymbol{e}_2$.
× **XRD** study revealed that Y_2O_3 films deposited at 1.3 Pa had more grains.
→ **The XRD** study revealed that Y_2O_3 films deposited at 1.3 Pa had more grains.

(2) **Eq.**（= **equation**），**Fig.**（= **figure**）のように文中で普通認められている省略は，文の初めにあるときにはフルスペリングで書き出す
　× **Eq. (1)** is used to analyze the experimental data.
　➡ **Equation (1)** is used to analyze the experimental data.
　× **Fig. 2** shows the time dependence of ....
　➡ **Figure 2** shows the time dependence of ....

(3) 文を"**And**","**But**","**So**"で始めてはならない
　And ➡ Moreover, Further
　But ➡ However, Nevertheless
　So ➡ Therefore, Hence

(4) "**Then**"で文を始めることには注意せよ．これを"**Therefore**"の意味で使うことは間違いである
　× The function $f(z)$ is clearly analytic in the upper half-plane. **Then** we can replace ....
　➡ **Therefore**, we can replace ....
　○ Let us suppose the series converges. **Then** we can replace ...

(5) 略号・略字を用いるときには，最初に出てきたときにフルスペリングで書き出し，意味を説明する必要がある
　× **RIE** is now widely used for ....
　➡ **Reactive ion etching (RIE)** is now widely used for ....

(6) "**Especially**"は普通，形容詞，副詞は修飾するが，節全体は修飾しない．文の初めでは"**In particular,**"に置き換えよ
　× **Especially** if this happens at startup, it takes a long time to reach the desired rotor speed.
　➡ **In particular**, if this happens at startup, it takes a long time to reach the desired rotor speed.

7.2　数（**Numbers**）と数値（**Numerical Values**）

(1) **0** から **9** まではスペルアウトし，**10** 以上はアラビア数字で書く
　× The new model includes two replacement gears and **fourteen** cables.
　➡ The new model includes two replacement gears and **14** cables.
ただし，数値の比較のため数字に焦点を当てる必要があるとき（レポートや論文などの場合）は，アラビア数字で書く．
There are 37 participants: 18 from the UK, 13 from Thailand, and 6 from Korea.
時間，日付，年齢，頁数，金銭，百分率などに使われる数字は，大小にかかわらずアラビア数字を使う．
10-second delay; 7 pm; May 15, 2015; 6 year-old boy; page 4; $3; 2 percent

(2) 文頭に数字がくる場合，「年」以外はスペルアウトする

　　　　× **18** inches of snow fell during the night.
　　　　➡ **Eighteen** inches of snow fell during the night.
(3) 二つの数字が連続するときには，小さい方の数字をスペルアウトする
　　　　× The unit is equipped with **40 12-inch** tweeters.
　　　　これでは，"4012 inch" と誤読される恐れがある．
　　　　➡ The unit is equipped with **40 twelve-inch** tweeters.
　　　　× **20 4**-cylinder engines ➡ **20 four**-cylinder engines
(4) 分数については，数学的に厳密な値ではなく「半分」「ほぼ**3**分の**1**」などのように概数を表す場合は，スペルアウトする
　　　　× According to the survey, **1/3** people use cell phones instead of digital still cameras.
　　　　➡ According to the survey, **one-third of** the people use cell phones instead of digital still cameras.
(5) 小数と分数が混在しているときは，小数に統一する
　小数の方が書きやすく書き間違いが少ないためである．小数点以下の桁数はそろえ，表記を統一し一貫性をもたせる．
　　　　× The new material contains **32.5 percent** lithium by weight, **one-fifth** palladium by weight, and **6.35 percent** titanium by weight.
　　　　➡ The new material contains **32.50 percent** lithium by weight, **20.00 percent** palladium by weight, and **6.35 percent** titanium by weight.
(6) 図表番号やページ数を示すときには，数字を使う
　　　　Fig. 1, p.5, pp.10-25
(7) 順序数には数字を使わない（日付の場合は別）
　　　　× This was the 3rd report on shortages.
　　　　➡ This was the third report on shortages.
(8) 年月日の「月」の表記に注意
　英語では，9月を "9" と表記するのは一般的ではない．パーソナルコンピュータの表示など特殊な場合を除き，9月11日は "September 11" または "Sept. 11" とする．米語と英語での表記に以下の違いがある．"9/11" は米語では9月11日，英語では11月9日．
(9) 測定値など正確な値は（文頭を除き）数字で示す
　注意点：数字だけの1の場合（無次元）は，アルファベットのl（エル）やI（アイ）と紛らわしいので，文中では普通 unity と記す．数字の0は zero または形容詞の null を用いる．
(10) 概略の数をいうラウンド・ナンバーには数字を用いない
　　　　× Approximately 200 parts were delivered.
　　　　➡ Approximately two hundred parts were delivered.
(11) 小数点にはピリオド（.）を用い，コンマ（,）を用いてはならない
　1以下の数を小数で表すときには，1の桁の0を省略することなく 0.73826 のよう

に書く．なお小数点以下のときは桁数が多くても3桁ごとの区切りは入れない．小数点が付いた1以上の数値の単位には複数形を使う．

1.3 hours（1以下の数値では単数形とする：0.3 hour）

(12) 度量衡単位の前の数は，数の大きさに関係なく数字のみを使う（単位記号と数値の間は，**1スペースあける**）

10 m (not 10m), 120 V (not 120V), 40 g (not 40g)

数値がいくつあっても，度量衡単位は一つだけ書けばよい．

... was tried at temperatures from 25 to 100°C

... in yields of 70-75%

3 × 5", 30-50°, 8½-by-11-inch paper

(13) 「数字＋度量衡単位」が名詞を修飾する場合は，その間をハイフンでつなぐ

100-meter race; 5-micrometer-long carbon nanotube; 100-watt bulb; 3200-gram baby; 30-centimeter-long ruler; 1024-color mode;

この場合に気をつけなくてはならないのは，1を超える数を使うときに，度量衡単位を複数にしないことである．

× 3000-volts electronic charge ➡ **3000-volt** electronic charge

× five-meters-long rod ➡ **five-meter-long** rod

(14) 数量と動詞の使い方

ある一定量の物質がひとまとめとして扱われる場合には，単数動詞が使われる．これは，1 gまたは1 mlずつをその量だけとるのではないという理由からである．

... and 10 g of sodium chloride was added in 5-g portions.

The first 50 ml of the saliva was rejected.

ただし，はっきりとべつべつに数えられる場合には複数動詞を使う．

Three drops of hydrochloric acid were added to the mixture.

(15) 数値の並べ方：できることなら文中に数値を並べることは避けるのがよいが，どうしても入れる必要があるときには，関連する言葉と向き合うようにする

(i) The freezing points of titanium, copper, zinc, and gallium are 1660°C, 1083°C, 419°C, and 39°C, respectively.

(ii) The freezing points are as follows: titanium, 1660°C ; copper, 1083°C ; zinc, 419°C; gallium, 39°C.

(iii) The freezing points are as follows:
Titanium   Copper   Zinc   Gallium
1160°C   1083°C   419°C   39°C

(iv) The freezing points are as follows:
Titanium   1160°C
Copper   1083°C
Zinc   419°C
Gallium   39°C

上の(12)の場合と異なりそれぞれの金属の凝固点なのでそれぞれの数字のあとに°Cを

つける.
　このうち(iv)がもっともよいが，スペースの制約があるなら(iii)でも OK である.

7.3　一貫性のある論文を書く

　読者にとって読みやすく，内容を素早く理解する手助けになるような効果的な文章を書くためには，一貫性（consistency）が重要である．ここでは，用語の統一，同一文内では主語を変えない一貫性，リストを示したり結果の比較を述べたりするときの文章構造の一貫性（並列構造：parallel construction），つづりの統一（英国式か米国式か），主格と述語動詞の一致について述べる．

7.3.1　用語の統一（同じ事柄は同じ表現で）

　小説その他の文学の英語や新聞・雑誌などのジャーナリズムの英語では，同じことを言うのに何度も同じ表現を使うのは表現力の欠如と考えられ，避けられているが，**科学・技術英語論文では一つの概念は一つの表現で何度も繰り返した方がよい**．
　われわれは中学・高校・大学の英語教育で文学の英語に重きを置いて教えられてきたため，同じ言い回しを避けるという習慣が科学・技術英語論文を書くときにも持ち込まれている感がある．しかし，科学・技術英語論文では，同一表現を何度使用しても恥ずかしいことはない．同一表現の繰り返しは，「あ，あのことか」とはっきりわかり，むしろ読者にとっては意味の把握の点からもわかりやすく有効である．
　次の例を見てみよう．同じことを述べるのに異なる用語を用いると，読者は言葉が変わるごとに新しいことだと思う可能性が高い．

　　　× **The next sample** was produced under ....
　　　　The second sample was used in the next reaction.
　　　　The green sample was later identified as ....

以上の三つの文章で述べている sample は同じものを表しているが，読者は別物だと思うかもしれない．これを避けるためには次のようにするとよい．

　　➡ **Sample 2** was produced under ....
　　　Sample 2 was used in the next reaction.
　　　Sample 2 (green sample) was later identified ...

これは面白さには欠けるが，正確さでは優れている．

7.3.2　同文中に一般的な言葉を繰り返して使わない

　　　× Many of **the problems** have arisen in engineering practice and **the problems** have been pared down no more than was thought necessary for inclusion in a textbook.

ここでは the problems という同じ言葉が続けて出てきている．二つ目の the problems は繰り返しなので，they にするか省略する．

　　　× Several **models** have been proposed to explain the mechanism of threshold

switching, such as **the Ovshinsky model, the Heywang-Haberland model, and the Lucas model**.
➡ Several **models** have been proposed to explain the mechanism of threshold switching, such as **those of Ovshinsky, Heywang-Haberland, Lucas**.
× For comparison, **the previous data** and **the present data** are **tabulated** in **Table** 4.
➡ For comparison, **the previous and the present data** are **summarized** in **Table** 4.
× The author is deeply grateful to his many suggestions **that were kindly suggested** ....

that were kindly suggested は suggest が suggestion と同義なので不要．もし書くのなら that were made .... とする．

× Figure 3 **presents** the schematic diagram of all the equipment used in the **present** study.
➡ Figure 3 **shows** (**illustrates**) the schematic diagram of all the equipment used in the **present** study.

7.3.3 同一文内では主語を変えない

× If they have an Apple computer, **a monitor should be bought** that will match it.

主節と従属節の主語の性質（ヒト→モノ）と文体（能動態→受動態）が変わっているため，読みにくい．主語と文体（型）は同じにする．

➡ If **they have** an Apple computer, **they should buy** a matching monitor.
× When the **concentrated solution** is cooled, **more and more purer crystals** separated from the solution.
➡ When **the concentrated solution** is cooled, **the solution** deposits more and more and purer crystals.
× **The machinist** machines the mandrels, **the inspector** tests them, and **we** transfer them to the assembler.

主語が旋盤工（machinist）➡ 検査員（inspector）➡ we とめまぐるしく変わっていて，読者がめまいを起こす．したがって，the mandrels（心棒）を主語にして，文をまとめる．

➡ **The mandrels** are machined, tested, and transferred to the assembler.

このとき，are machined by the machinist, tested by the inspector のように（言わなくてもわかる）不要な動作主を付け加える必要はない．

7.3.4 リスト項目の一貫性（並列構造）

リストの各項目は名詞なら名詞で，数字なら数字で，能動態なら能動態で統一する．

これは文法で**並列構造**（**parallel construction**）とよばれている原則「いくつかの句が，その意味・役割において，似ているかまたは比較対照されるような関係にあるときには，それらを同じ形式で表現する」に基づいている．

並列構造の典型的な例にPresident Abraham Lincoln のGettysburg Addressがある．
"We here highly resolve ... that government **of the people**, **by the people**, **for the people** shall not perish from the earth."
この演説の格調の高い簡潔さは，of the people, by the people, for the people という三つの句の**並列構造**に支えられている．

(1) 並列構造（**parallel construction**）の使い方と利点
 ・同じような性質と同じような重要性をもつ事柄を，同じ文法構造で書き並べると，内容が理解しやすくなり，平衡感が出る．
 ・並列構造は，単語，句，節，センテンス，文書のレベルに至るまで適用される．

(2) 単語の並列構造
　× Three necessities of life are **to obtain food, shelter and finding clothes**.
　並列されるものが，不定詞（to obtain food），名詞（shelter），動名詞（finding clothes）となっている．すべて名詞で統一する．
　➡ Three necessities of life are **food, shelter, and clothing**.
　× The process involves three main steps: **cooling, chopping, and pulverization**.
　cooling と chopping は動名詞であるが，pulverization は名詞なので，動名詞に統一する．
　➡ The process involves three main steps: **cooling, chopping, and pulverizing**.
　× **To write** is more difficult than **reading**.
　比較するべきものが，一方は to write と不定詞で，他方は reading と不定詞となっているので，動名詞に統一する（主語は動名詞にするのがよい）．
　➡ **Writing** is more difficult than **reading**.
　× It was **a useful seminar** and **very well organized**.
　➡ It was **a useful and very well-organized seminar**.
　× Since it is extremely windy today, everyone should cross the suspension bridge **with caution and speedily**.
　with caution が句なのに対し speedily が単語なので，並列構造になっていない．単語（副詞）に統一して並列化する．
　➡ Since it is extremely windy today, everyone should cross the suspension bridge **cautiously**（または **carefully**）**and speedily**.

(3) 句の並列構造
　× I like **golf and watching baseball games**.
　like の目的語が golf（名詞）と watching baseball game（動名詞句）になっているので，playing golf として動名詞句に統一する．

→ I like **playing golf and watching baseball games**.
× If any front panel lamp fails to light **during maintenance or when the machine is operating normally**, the lamp should be replaced speedily.

during maintenance が句なのに対し，when the machine is operating normally は節になっているので，両方とも句に統一する．

→ If any front panel lamp fails to light **during maintenance or in normal operation of the machine**, the lamp should be replaced speedily.

(4) 節の並列構造

× Formerly science was taught **by the textbook method**, while now **the laboratory method is used**.

Formerly で始まる文と now で始まる文の形が異なるので，これを同じ形 (parallel) にすると理解しやすくなる．

→ Formerly science was taught **by the textbook method**; now it is taught **by the laboratory method**.

書き直した文では二つの文の間に関係があるので，ピリオドの代わりにセミコロン (;) を用いて二つの文をつなげた．

× Please **sign both copies**, and **one copy should be sent back to us**.

最初の文は命令文，二つ目の文は平叙文となっている．命令文に統一する．

→ Please **sign both copies and send back one copy to us**.

(5) 数字表現

リスト中の数値や比較のための一群の数値は，もしどこかで数字を用いているなら，すべての数値を数字で書く．

× We found that **nine out of 10** samples turned green.

→ We found that **9 out of 10** samples turned green.

× We deposited **two layers** on Sample A, **eight layers** on Sample B, and **12 layers** on Sample C.

→ We deposited **2 layers** on Sample A, **8 layers** on Sample B, and **12 layers** on Sample C.

(6) 結果の比較

いくつかの結果を比較するときには，文章構造は同じにする．

× The temperature of sample 1 was much higher than **sample 2**.

日本人科学者・技術者がよく間違う文の一つである．これでは，「サンプル1の温度」と「サンプル2そのもの」を比較しているのでおかしい．"the temperature of sample 2" を簡単に "that of sample 2" として並列構造にする．

→ The temperature of sample 1 was much higher than **that of sample 2**.

× **For Sample A**, the reaction rate increased as the catalyst concentration was increased. But when we increased the concentration of the catalyst, the reaction rate **of Sample B** decreased. In contrast, the reaction rate **for Sample C** showed no change when the catalyst concentration was increased.

Sample A, Sample B, Sample C の比較に関する記述であるから，それぞれの文を並列構造にする．そのとき，同じ言葉（ここでは，the reaction rate）を "it" で書けば，簡潔な文章構成となる．

➡ **For Sample A**, the reaction rate increased with increasing catalyst concentration, whereas **for Sample B** it decreased, and **for Sample C** it remained unchanged.

(7) リスト，見出し

句，節より成るリストや同じ等級の見出しを作るときは，同じ品詞で始めること．特に見出しは，言葉の順序・品詞・形などをそろえること．

　　× ・**Developing** Long-Term Plans
　　　・**To Determine** Cashflow Requirements
　　　・Budgets **Established**
　　➡ ・**To Develop** Long-Term Plans
　　　・**To Determine** Cashflow Requirements
　　　・**To Establish** Budgets
　　または
　　➡ ・**Development of** Long-Term Plans
　　　・**Determination of** Cashflow Requirements
　　　・**Establishment of** Budgets

(8) 並列の仕方の注意点

・**with X and Y** とするとき，**X** と **Y** は同じ仲間とする
　× Properties were measured with **X-ray diffraction method and a thermal analyzer**.
　同じ文の中では方法（method）と装置（analyzer）を混ぜて書かない．
　➡ Properties were measured with X-ray diffraction and thermal analysis (**analytical**) **methods/techniques**.
　➡ Properties were measured with **an X-ray diffractometer and a thermal analyzer**.

・連続語句において，すべての語に共通する冠詞や前置詞は，最初の語の前に一度だけ用いるか，もしくは各語ごとにその前に繰り返し用いる
　× the French, the Italians, Spanish, and Portuguese
　➡ the French, the Italians, the Spanish, and the Portuguese
　× in spring, summer, or in winter
　➡ in spring, summer, or winter または in spring, in summer, or in winter

・相関語句（correlative）による表現（**both ... and, not ... but, not only ... but (also), either ... or, first ..., second ..., third** など）の場合は，相関詞の後に同じ構文が続かなければならない
　× It was both a long ceremony and very tedious.

➡ The ceremony was **both long and tedious**.
× A time not for words but action. ➡ A time **not for words but for action**.
- 文に2通りの意味があったり，わかりにくかったりした場合には，並列する要素の一番前にくる単語をすべての要素の前に繰り返して置く
  × I explained that I had work to do and I was tired.
  and は I explained と I was tired とをつなげているのか，それとも I had work to do と I was tired とをつなげているのか？　後者であろう．
  ➡ I explained **that** I had to work to do and **that** I was tired.

7.3.5　つづりの統一（米国式か英国式か）
単語のつづりは，一つの論文の中では米国式か英国式のどちらかに統一する．
× The **colour** changed from blue to **gray**.
➡ The **color** changed from blue to **gray**．（米国式）
➡ The **colour** changed from blue to **grey**．（英国式）
× Our **modelling** of the reaction system shows that particle **behavior** is influenced by temperature.
➡ Our **modeling** of the reaction system shows that particle **behavior** is influenced by temperature．（米国式）
➡ Our **modelling** of the reaction system shows that particle **behaviour** is influenced by temperature．（英国式）

(1) 英国式で **-our** は米国式では **-or** となる

英国式	米国式	意味
behaviour	behavior	挙動，振る舞い
colour	color	色
vapour	vapor	蒸気

(2) 英国式では語尾が **-ence** は米国式では **-ense** となる

defence	defense	防衛
licence	license	免許
offence	offense	攻撃

(3) 米国式ではスペリングが短くなることがある

aluminium	aluminum	アルミニウム
analogue	analog	アナログ
gramme	gram	グラム
programme	program	（放送等の）プログラム

ただし，コンピュータのプログラムは，どちらも program である．

(4) 英国式では分詞を作ったり語尾を付けるとき最後の子音が二重になることが多い．米国式では最後の音節にアクセントがないときには二重子音にはならない

modelled	modeled	模型を作る，形作る
diagrammed	diagramed	図にする

labelled　　　　labeled　　　ラベルを貼る
注：例外として，米国式でも上の規則に従わないで二重子音になる単語もある．
・常に最後の子音が二重になる派生語
　crystal（結晶）➡ crystalline, crystallize, crystallization, crystallizing
　　metal（金属）➡ metallic, metallurgy, bimetallic
　　program（プログラム）➡ programmed, programming, programmer
・派生語によっては二重子音になるものもある．
　　cancel（取り消す）➡ cancellation（取り消し）しかし canceled
　　diagram（図面）➡ diagrammatic（図的）しかし diagramed

(5) 英国式では **-re** が米国式では **-er** となる
　　centre　　　center　　　中心，中心にする
　　fibre　　　　fiber　　　　繊維
　　metre　　　meter　　　メートル

(6) 英国式では語尾が **-se** や **–sation** のものが，米国式では **-ze** や **-zation** となる単語が多い
　　authorise　　authorize　　権威づける
　　initialise　　initialize　　初期化する
　　organise　　organize　　組織化する
　　realise　　　realize　　　認識する
　ただし，compromise, premise, surmise, improvise などは米国式でも英国式でも，-se とつづり，-ze という表記はない．

(7) 三つ以上の言葉を **and** で結ぶときのコンマの使い方
　英国式：A, B and C（and の前にコンマを付けない）
　米国式：A, B, and C（and の前にコンマと付ける）
　複数のグループをリストアップするときには，and でつなぐことも可能だが，どちらの書き方でも新しいグループを付け加える前にコンマと and を付ける．
　英国式：A, B and C, and D, E and F, and G, H and I
　米国式：A, B, and C, and D, E, and F, and G, H, and I
　しかし混乱を招くおそれがあるときには，セミコロンを使うとわかりやすくなる．
　　➡英国式：A, B and C; D, E and F; G, H and I
　　➡米国式：A, B, and C; D, E, and F; G, H, and I

(8) 文末にダブルクォーテーション（"）がくる場合
　英国式：文の終わりを示すピリオドは，ダブルクォーテーションの後ろに付ける．
　When the system is being scanned, the screen shows a message "Scan in progress".
　米国式：文の終わりを示すピリオドは，ダブルクォーテーションの前に付ける．
　When the system is being scanned, the screen shows a message "Scan in progress."
　　注：文末にダブルクォーテーションで囲んだ完結文がくる場合（米国式）は，文末に付けるピリオドは一つだけである．

7.3.6 主語と述語動詞の一致

英文では主語（subject）と述語動詞（predicate verb）の人称と数を一致（agree）させる．長い文では主語と述語動詞の不一致が生じがちなので，文章を書いた後で確認する必要がある．

以下のルールに従って，動詞の単数・複数を決める．

(1) **A and B** は複数動詞をとる

Time and tide wait for no man.

(2) **A or B, either A or B, neither A nor B** の場合は，いずれも **B** の数で決まる

Rabbit or rats were used.

Either the passengers or the driver is at fault.

Neither the pilot nor the crew members were present.

Neither oxygen nor nitrogen is a noble gas.

(3) **A as well as B** の場合は **A** の数で決まる

A perfect technique as well as speedy applications was the researcher's aim.

(4) 集合名詞は一般に単数だから，単数動詞をとる

The flock of sheep follows its leader.

The jury returns a verdict.

集合体の個々のものが違った時間に同じ行動をとるときには，複数動詞をとる．

The family eats breakfast together.

The family eat breakfast at different times.

(5) **all, some, none** または **half** などのような不定代名詞（**indefinite pronoun**）が前置詞を伴うときは，その前置詞の目的語が示す数によって動詞の単数・複数が決まる

Half of the machine system was moved.

Half of the machine units were moved.

Some of the water was wasted.

Some of the dolphins were infected.

(6) **any, each, everybody, everyone, somebody, either, neither, kind, sort** などの不定代名詞はふつう単数動詞をとる

Each of the men was rewarded.

Everyone in the town was there.

(7) 形は複数であるが，単数の意味で用いられる名詞は単数動詞をとる

The news is not true.

Mathematics is one of my favorite subjects.

(8) 一つの集合体と考えられる集団複数（**mass plural**）は単数動詞をとる

Five kilograms of cement is not enough.

Twenty kilometers an hour is too slow a speed for today's traffic.

(9) "**a number of**" と "**the number of**" の違いに注意

a number of は複数の動詞をとるが，the number of は単数の動詞をとる．

A number of topics relating to this subject have already reviewed in a recent article.
The number of particles was measured by the method described earlier.

7.4 短い，簡潔な文 (Simple Sentences) を書く

長くて複雑な文（センテンス）はキーポイントをぼやけさせ，読者を混乱させる．下図の「1センテンス中の単語数と理解度」に示すように，一般的に文が長くなるほど理解しにくくなる．

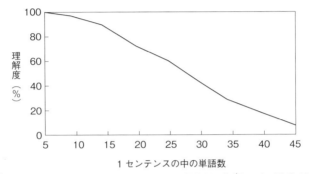

(M.I. Bolsky, "Better Scientific and Technical Writing" (Prentice Hall, 1988), p.43)

したがって，英語論文を書くときには，以下の指示に従って，短いわかりやすい文を書くことが必要である．
- 一つの文では一つのことのみを述べる (one sentence, one meaning)
- 複雑で長いセンテンスは，コロン，セミコロン，括弧などを利用して二つの文に分ける
- 一つのセンテンスは 20 words 以下におさめる
- 重要なアイデアは従属節に入れないで，新しい文章で書く

7.4.1 一つの文には一つの情報を

一つの文には，直接関係のない情報を入れないで，一つの情報だけにする．例えば，関係代名詞は使わないで，文章を分けるようにする．さらに一つの論文では，一貫して一つの目標に向かって書き進める．必要のない情報を入れたり，脇道にそれたりしないようにすることで，まとまりのある英文になる．さらに，文体やフォーマルさの度合，用語を統一する．

× Consider first a simple example for which we already know the answer and a capacitance C and resistance R are connected in series across a voltage $E \cos \omega t$.

7.4 短い，簡潔な文 (Simple Sentences) を書く　75

主語が異なる二つの節を and でつながない．
  ➡ 二つの文に分ける
  Consider first a simple example for which we already know the answer. A capacitance C and resistance R are connected in series across a voltage $E \cos \omega t$.
  × The definite article leads a noun confined to the only thing and the indefinite article precedes an undefined, singular, countable noun.

主語が異なる二つの節を and でつながない．
  ➡ 二つの文に分ける
  The definite article leads a noun confined to the only thing. On the other hand, the indefinite article precedes an undefined, singular, countable noun.
  ➡ セミコロンを使う
  The definite article leads a noun confined to the only thing; on the other hand, the indefinite article precedes an undefined, singular, countable noun.
  × Machine A outperforms Machine B, which is available in three colors: red, white, and blue.
  ➡ Machine A outperforms Machine B. Machine B is available in three colors: red, white, and blue.

7.4.2　平均語数を 20 語以下にする

2.2.4 項で議論したように，理解しやすい文は平均語数を 20 以下で書くようにするとよい．読みにくい文の問題点とその修正方法の例を以下に示す．

  Whether it is possible to make amorphous samples of cubium (or any other simple cubic element) remains unclear even after many trials—some conducted under rigorous vacuum conditions—partly because the purity of the samples which affects the possibility of crystallization is not always investigated, partly because the establishment or otherwise of amorphousness is subject to many uncertainties, and partly because the substrate temperatures have not been low enough.（70 語）

この文章は文法的には問題はないが，一読しただけでは，理解しにくい悪文である．

《修正のポイント》
- 文の最初は（Whether it is possible ....）のように仮定の話で始めないで，何をやったかを述べ，その後，問題点を述べる．
- (or any other simple cubic element) は挿入句なので別の文にして最後にもってくる．
- 2 行目の "under rigorous vacuum conditions" ではどのような真空条件かを具体的な実験条件（例えば 10^{-7} Pa の圧力で）を入れ，ここでいったん文章を切る．
- partly because で始まる三つの文をそれぞれ別文とし，bullets（・）で始まる箇条書きとする．これらは関係のある文なので，それぞれをセミコロン（;）でつなぐ．

箇条書きをする前に，**for three reasons:** を入れて趣旨をはっきりさせる．
- 2番目の partly because 以下の文ははっきりしないので具体的なものに変える．
- 3番目の partly because 以下の文の the substrate temperatures have not been low enough も具体的な数値を付け加えること（例えば「4.2K以下で」など）．

これらの修正を入れた文は次のようになる（修正ポイントを太字で表す）．

Many attempts to make amorphous samples of cubium have been made, some under rigorous vacuum conditions **with pressures less than 10^{-7} Pa**. (20語) **However, whether such production is possible or not** remains unclear, **for three reasons:** (13語)
- **the purity of the samples has not always been investigated** and purity may affect the possibility of crystallization;（18語）
- evidence of amorphous state is inconclusive;（6語）
- substrate temperatures **below 4.2K** have not yet been tried.（10語）

The same applies to all other simple cubic elements.（10語）
もう一つの例を示す．

The controller will act to open the main valve and admits the steam into the turbine, thus bringing up the speed, which is sensed by the speedometer that feeds its output back to the controller.（35 words）

➡ The controller will act to open the main valve and admits the steam into the turbine. The speed is sensed by speedometer that feeds its output back to the controller.（16 words + 15 words）

7.4.3 重要なアイデアは新しい文章で書く

重要なアイデアは従属節に入れず，新しい文章に入れるようにする．また，従属節または句（subordinate clause or phrase）を as, similarly to などを用いて，文章の終わりに付け足しの形で書かないようにする．次の例を見てみよう．

We find that the function $F(x)$ has an infinite range but the magnetization below T_c does not tend to a finite value, **as was suggested by Brown**.

この文の最後の付け足しの部分（as was suggested by Brown）で Brown が提案したのは次のうちのどれかはっきりしない．

(i) The function $F(x)$ has an infinite range but the magnetization below T_c does not tend to a finite value.

(ii) The magnetization below T_c does not tend to a finite value.（no conclusion on $F(x)$）

(iii) The magnetization below T_c tends to a finite value.

この文のあいまいさを取り除くには，以下のようにするとよい．

(i) ➡ We find that the function $F(x)$ has an infinite range but the magnetization below T_c does not tend to a finite value. **These results agree with the suggestion of Brown**.

(ii) ➡ We find that the function $F(x)$ has an infinite range but the magnetization below T_c does not tend to a finite value. **The second results agree with the suggestion of Brown**.
(iii) ➡ We find that the function $F(x)$ has an infinite range but the magnetization below T_c does not tend to a finite value. **The second results conflict with the suggestion of Brown**.

7.5 受動態を避け，能動態で書く

7.5.1 科学・技術論文では，能動態を使う

(1) 科学・技術論文で使う文は，正確かつ明解に内容を表現するものでなければならない．したがって，誤解を避けるためにも能動態を用いた明解な文を使う．

科学・技術論文では，一人称のIやWeを使わず受動態で客観的に記述する傾向があったが，受動態は語数が増え（例えばNewton discovered gravity. がGravity was discovered by Newton. のように），重苦しい感じがあり，ややもって回った感もある表現である．

そこで一人称を使わないで，しかも直接的で力強い表現である能動態を使うには，物を主語とする物主構文（名詞表現）を使って，

× I studied the accidents and found that ...
➡ The study of the accidents showed that ...

のように，動詞の to study を名詞の the study, the examination などに変えるとよい．ほかの例を以下に示す．

× In this paper the problem of finding a sufficient condition for stability of a class of non-linear systems **is considered**. （動詞が最後にくる悪文！）

このように受動態（passive voice）で書くと，主語（the problem）に対する述語動詞（is considered）が文章の終わりにならないと出てこない悪文となる．

そこで，this paperを主語にした能動態に書き直す．

➡ **This paper considers** the problem of finding a sufficient condition for stability of a class of non-linear systems.

こうすると，主語（This paper）のすぐ後に，述語動詞（considers）がきてわかりやすくなるし，また少ない語数で記述できる．

× The freezing point of the liquid **was lowered** 5 degrees by adding 10 percent of the salt.
➡ Adding 10 percent of the salt **lowered** the freezing point by 5 degrees.

この文での注目点は，凝固点そのものではなく，「塩を10％加える」という動作によって凝固点が下がるということなので，注目しているものを主語にする．

× Tests **were made** and it **was found** that the new material was stronger than the traditional materials.
➡ Tests **showed** that the new material was stronger than traditional ma-

terials.

make とか find という weak verbs を用いないで,「テストが次のことを示した」と能動態で書き直す.

　　× The important characteristics **are summarized** in Table 3.
　　➡ Table 3 **summarizes** the important characteristics.

また能動態を積極的に使うことにより,"There is ...." とか "It is ... that ...." のような陳腐で退屈な表現も,いきいきとさせることができる.

　　× **There were** a great number of dead leaves lying on the ground.
　　➡ Dead leaves **covered** the ground.

(2) 受動態を使った方がよい例
　・動作主が文章から明らかなとき,重要でないとき,不明なときは,受け手を強調し,受動態 (passive voice) にする.例えば,
　　During the poster session, wine and cheese were served.
　　では「誰がふるまった」かに触れなくてすむ.
　　他の例を挙げると
　　A small sample of a liquid **was placed** in a dish.
　　The plate **is made** of iron.
　　The blue LED **is used** widely.
　　The gold mine **was discovered** in 1800.
　・動作を受ける一つのものに関する文が複数連続し,動作主よりも動作を受けるものを主語にする方が文章全体としてわかりやすい場合
　　Melting is one of the most familiar phase changes. **It is associated**, generally, with ....
　　2番目の文を受動態にしないと,論理が滑らかに続かない.2番目の文章の主語は,初めの文章の主語である melting (旧情報) を受けて it でなければならない.そうすれば話の筋が抵抗なく読者に伝わる.
　・動作主をあえて隠したい場合
　　Incorrect data were input into the database.
　・受動態の主語を強調したいとき
　　「何をどうすべきか」「何がどうされたか」を言うとき,動作を受ける人や物 (receiver of the action) をはっきり前面に出すために受動態を使う.
　　Dr. Yamada **was presented** with an award by the president.
　　The plant **was struck** by lightning.
　　The light **is reflected** by the smooth metal surface.

(3) **Huckin and Olsen**:「4回に1回は受動態を」
"Good technical and scientific writers use passive sentences only when the occasion calls for them, which is about one-fourth of the time. You should try to do likewise."
(優れた科学・技術系英文ライターは,必要な場合にだけ受動態を使う.必要な

場合とは，4回に1回くらいである）
(Thomas N. Huckin and Leslie A. Olsen, "Technical Writing and Professional Communication for Nonnative Speakers of English（2nd Ed.）", McGraw-Hill, Inc., New York, 1991, p.667.)

7.5.2 受動態➡能動態に書き直すテクニック
(1) 受動態のすぐ後に不定詞がくるときは，不定詞を能動態の動詞に変える
　　× Petroleum **is used to heat** the turbine. ➡ Petroleum **heats** the turbine.
　　× In the process, a catalyst **is provided to spread** the reaction.
　　　➡ In the process, **a catalyst spreads** the reaction.
(2) 受動態の後に不定詞が続かないときは，文中の名詞を能動態の動詞に変える
　　× Surface active agent **was added in the removal of** contaminants from the liquid.
　　　➡ Surface active agent **removed** contaminants from the liquid.
(3) 前置詞句の前置詞を外して主語にする
　　× **In the following two tables**, well-known packages and their vendors **are listed**.
　　　➡ **The following two tables list** well-known packages and their vendors.
　　× **From the X-ray analysis** of the sample, **the sample was identified as** Ga.
　　　➡ **The X-ray analysis identified the sample as** Ga.
　　× **For safe landing, an accurate altimeter was needed**.
　　　➡ **Safe landing needed an accurate altimeter**.
　　× **By the reporting system**, the management **is kept informed**.
　　　➡ **The reporting system keeps** the management informed.
(4) it で始まる受動態の文は能動態に直す
　　× **It was reported** by an analyst that the new product was defective.
　　　➡ An analyst **reported** that the new product was defective.
　　× **It is indicated** that .... ➡ **An annual report indicates / means** that ....
　　× **It can be seen** from this diagram that .... ➡ **This diagram shows** that ....
　　× **It was suggested by Dr. Smith** that the test be postponed.
　　　➡ **Dr. Smith suggested** postponing the test.

7.6 修飾する節や句は修飾対象のすぐ近くに

英語ではどの従属節や句も文章構成上はっきりした役割をもち，この役割は文の中での順序ではっきり示される．
(1) 修飾する節や句は修飾対象のすぐ近くに
　　× An Algorithm for Evaluating Power and Temperature Distributions in a Fast Reactor **Based on Measurement**
　　このタイトルでは「測定に基づく（Based on Measurement）」はすぐ前にある名

詞「高速増殖炉（a Fast Reactor）」を修飾していておかしい．Power and Temperature Distribution を修飾するように書き換える．
> ➡ An Algorithm for Evaluating **Measured** Power and Temperature Distributions in a Fast Reactor

× Last year, we carried out simulations of spaceflight **in the laboratory**.
これでは，「宇宙旅行が研究所の中で行われた」ことになるので，laboratory を形容詞的（名詞が名詞を修飾）に用いて正しい文にする．
> ➡ Last year, we carried out **laboratory** simulations of spaceflight.

× We agreed **on June 10** to make the adjustment.
6月10日に調整するのか，調整をすることに同意したのか不明瞭．
> ➡ **On June 10**, we agreed to make the adjustment.（6月10日に同意した）
> ➡ We agreed to make the adjustment **on June 10**.（6月10日に調整する）

× New York's first commercial human-sperm bank opened Friday with semen samples from 18 men **frozen in a stainless steel tank**.
この文章では，ステンレス・スティールタンクの中で冷凍されたのは精子ではなく，18人のあわれな男たちであったことになる．そこで2文に分ける．
> ➡ New York's first commercial human-sperm bank opened Friday when semen samples were taken from 18 men. Then **the samples were frozen and stored** in a stainless steel tank.
> （ニューヨークでの最初の商業ベースの人間精液銀行が金曜日にオープンし，18人の男性から精液のサンプルが採取された．ついでそのサンプルは冷凍されてステンレス・スティールタンクに貯蔵された）

× The inspector found a crack in the thick plate **that was in the center**.
関係代名詞 that の先行詞は thick plate なのか crack なのかはっきりしない．何が真ん中にあるのかをはっきりさせ，文を書き直す．
> ➡ The inspector found a crack **in the center of the thick plate**.
> （真ん中にあるのは crack）
> ➡ The inspector found a crack in the thick plate that was placed **in the center of the shop**.
> （真ん中に置かれているのは thick plate）

(2) 他動詞はそれがかかっている目的語と離さない
× The noise disturbed evidently the sleeping baby.
> ➡ The noise evidently disturbed the sleeping baby.

× Wordsworth, in his poem, gives a beautiful description of daffodils.
> ➡ In his poem, Wordsworth gives a beautiful description of daffodils.

(3) 関係代名詞は先行詞のすぐ後に
× There was a stir in the audience that suggested disapproval.
> ➡ A stir that suggested disapproval swept the audience.

× I left the dictionary on the table that I had just bought from the publisher.

(from the publisher がなければ，conference room table を最近買ったと誤解する)
→ I left the dictionary, which I had just bought from the publisher, on the table.

× The samples were divided into five groups, whose total number was ten.
→ The samples, whose total number was ten, were divided into five groups.

× Let us consider the solutions of the equations that were found by Jones.

ジョーンズは方程式を発見したのか，あるいは解を発見したのか？ あいまいさを取り除くためには，先行詞の前の the を those で置き換える．

× Let us consider **those solutions** of the equations that were found by Jones.（解を発見した）
→ Let us consider the solutions of **those equations** that were found by Jones.（方程式を発見した）

(4) 文中に修飾する言葉がない場合の対策

日本人が書く英文に多い間違いの一つに，自分の頭の中で考えているだけで，文中には修飾する言葉がないことがある．しかし，英語では，修飾する言葉をはっきりと書くことが必要である．

× The proton and neutron masses are different **by considering** the effect of pion cloud.

"by considering" は明らかに "understand" あるいは "explain" のような書かれていないある動詞を修飾するつもりであろうが，これは英語では許されない．以下のように，動作主を入れる．

→ **We can understand (explain) the hypothesis that** the proton and neutron masses are different by considering the effect of pion cloud.

(5) 修飾された形容詞の位置に注意

ある形容詞あるいは分詞が句によって修飾されるとき，それは句のすぐ前になければならない．

× inverse relation of Eq.(17) → relation **inverse to** Eq.(17)
× exchanged particles between them → particles **exchanged between** them
× identical equations with (3.7) → equations **identical with** (3.7)
× relative order of magnitude to → order of magnitude **relative to**

分詞や形容詞が名詞を修飾するとき
・1語で単独に修飾するなら名詞の前から
・2語以上のグループになって修飾するなら名詞の後から

のルールに従う．ただし，最近の英語では「1語でも，名詞の後から修飾するケース」が増えており，「そのときに限定される，一時的な状態」を示すときは，1語でも後から修飾することが多い．例えば，a plan available というとき，available は「利用できる」の意味の形容詞であるが，「現時点では利用できるプラン」というふうに「一時的な状態」を指すから，たった1語でも後ろからの修飾になる．

7.7　関係代名詞 that と which の使い分け方

科学・技術英語（Technical writing）では，one word, one meaning の単語を用いるので，関係代名詞 that と which も下記するように一義的に理解できるような使い方をする．
　"that"：その文章に不可欠な節を導き，目的語を特定する
　(that defines　－制限的（限定的）)
　", which"：単に付加的情報を与える節を導く
　(which describes　－記述的－非制限的（非限定的）)
節を導くのに that にするか which にするかを決める簡単な方法
　文からその節を取り除き，残った文章が明快なら，コンマで切って which でつなげばよい．残った文章の意味が明快でなくなったときはコンマを使わず that でつなぐ．
　例1：The lawn mower **that is broken** is in the garage.（Tells which one.）
　　　　複数の芝刈り機の中で，壊れているのはどの芝刈り機かを示す．
　　　　The lawn mower, **which is broken**, is in the garage.
　　　　(Adds a fact about the only mower in question.)　話題になっている一台の芝刈り機に関して，壊れているという事実を付言する．
　例2：We find the solution of Eqs. (8-10) **that remains finite** as $x \to 0$.
　　　　x が0に近づくときに有限となる解を見つけた．これは，x が0に近づくときに有限にならない解がありうることを示唆している．
　　　　We find the solution of Eqs. (8-10), **which remains finite** as $x \to 0$.
　　　　解は一つであり，その解を見つけた．（さもなければ，the solution は a solution となる．）その解は x が0に近づくときに，有限となる．
　　　　＝ We find the solution of Eqs. (8-10); this remains finite as $x \to 0$.
　例3：The crystals **that were red** were purified by recrystallization from hexane.
　　　　青い結晶もあるが，それらは精製しないで赤い結晶だけを精製した．
　　　　The crystals, **which were red**, were purified by recrystallization from hexane.
　　　　結晶はすべて赤色だったことを補足説明している．
　ジャーナリストや作家は，which を制限用法として that の代わりに使うことが多いが，科学・技術論文では "one word, one meaning" の原則に従って，読者を混乱させないようにするため，このような場合には that を使う．

7.8　あいまいな表現を避け，はっきりと具体的に書く

　日本では，はっきり物事を言わないのが美徳とされてきた．しかし英語では，それを「美徳」とは解釈してくれない．物事をあいまいに言うと，なかなか自分の言いたいことが伝わらないし，誤解されることが多い．したがって，英文を書くときには，

あいまいにしないで，はっきりと具体的に書く．
(1) 「めざましく」をどのように表現するか？
「彼は最近英語がめざましく進歩した」
× He has recently made remarkable progress in English.

日本人は「めざましく」が入っていると，ほとんど自動的に considerable や remarkable を使うが，上記の文はたいへん vague（抽象的）な表現になっている．こういう場合は，「英語が進歩した」を outline として，この後に writing ability や speaking ability などについて具体的に何が進歩したか，という説明を付けるようにすると，わかりやすく英語らしい表現になる．

→ **He is making much progress in English.**

そして具体的に

He speaks English much more fluently.
His English writing has improved a great deal.

(2) **high, low, some, many** などは避け，具体的に数値で書く

これらの単語は書き手の意図と，読者の理解に隔たりを生ずることがあるので避けるべきである．この対策としては，具体的な数値を示したり，別の言葉に書き換えたりする必要がある．例えば次の文章はあいまいである．

× The solution became very hot.

"very hot" とは一体どの程度の温度だろうか？
書き手：150℃と思っている
読み手：有機化学者：200℃；セラミックスの研究者：1200℃；
　　　　低温工学者：－100℃

と思うだろう．つまり，読者によって，"very hot" は－100℃から＋1200℃の範囲の温度を示すことになり，これでは意味をもたないことになる．したがって科学論文を書くときには，"very hot" と書かず具体的に特定の温度，例えば "150℃" と書く方がよい．

→ The temperature of the solution became 150℃.

あいまいな意味をもつので，なるべく使うべきでない単語には次のものがある．

very, quite, rarely, seldom, infrequently, likely, unlikely, once in a while, relatively, almost certain, tended to be, was often, moderately, usually not

7.9　文意を明確にする言葉（連結語）を使う

科学・技術論文では，連結語またはつなぎ言葉（transition words＝文章やパラグラフを結合させるもの，すなわち「文章上の接着剤」）で文章や節をつなぎ，書き手の考えに論理的枠組を与えることで，読み手が書き手の考えに沿って読み進んで行けるようにすることが重要である．このように連結語は，読み手の注意を引き起こし，これから述べることの重要性や，各部分の間の関係などを知らせる機能がある．

日本人の科学・技術英語論文が欧米人読者に不可解に感じられる原因の一つに，こ

の連結語を使う技術に欠ける点がある．読み手に「あなたの言っていることはわかるが，それで何を主張したいのか」と思わせることは避けるべきである．

7.9.1 連結語の使用例

× The yield was 45%. A stronger base was added to the solution. The yield for the reaction was 85%.

それぞれの文の意味はわかるが，その間の関係は少し考えないとわからない．次の連結語を使うと，各部分の間の関係と話の重要性がよくわかるようになる．

→ The yield was **only** 45%. **Therefore**, a stronger base was added to the solution. **As a result**, the yield for the reaction **increased** to 85%.

「歩留まりはたったの 45％であった．したがって強い塩基を溶液に加えた．その結果反応の歩留まりは 85％に増加した．」となり，筆者の言いたいことが読者にはっきりと理解できるようになった．

× The reagent was added to the solution. The pH was adjusted to 7.5. The solution temperature became 90℃. Crystals began to form.

この文は短くてシンプルであるが，書かれた文章間の相互関係がわかりにくいので，書き手が何を読者に伝えたいのかがよくわからない．

→ The reagent was added to the solution **and then** the pH was adjusted to 7.5. **As a result**, the solution temperature **increased to** 90℃ **and then** crystals began to form.

「試薬を溶液に加え，そして pH を 7.5 に調整した．その結果，溶液の温度は 90℃ まで**上昇し**，そして結晶化が始まった」

書き直した文では，文章構造はシンプルなままなのに，適切な接続詞（連結語）により文章の相互関係が明らかになり，わかりやすい文になった．

7.9.2 連結語の機能による分類と語句の例

機　能	語　句
Contrast （対照）	however, nevertheless, instead, on the other hand, on the contrary, in contrast, unlike, although, though, even though, whereas, but, yet
Cause and Effect （原因・結果）	because, since, for this reason, thus, as a result, therefore, consequently
Repetition （繰り返し）	that is, in other words, namely
Illustration （例示）	for example, for instance, to illustrate, in particular, especially, in this way, in what follows, namely, that is
Addition （付加）	and, also, furthermore, in addition, again, besides, as mentioned earlier, likewise, moreover, next, in fact, in other words

Conclusion (結論)	therefore, hence, as a result, thus, accordingly, hence, as a consequence, i.e., in conclusion, in summary, to conclude
Chronological (順序, 年代順)	first ..., second ..., third, first ..., second ..., finally, initially, then, next, in turn, before, after, while

7.9.3 連結語の使い方
(1) 導入語句として働くもの

最も一般的で，文頭に置かれることが多く，たいてい後ろにコンマが付く．
First, we would like to pass the examination.（まず）
On the other hand, B shows a completely different reaction.（一方では）
For example, when I went on a home stay in the US, I learned ....（例えば）
As a result, she could not reach the place in time.（その結果）
Finally, she lost everything.（とうとう，最後には）

(2) 従属接続詞として働くもの

従属節が主節の後ろにあるときはコンマはいらないが，従属節が主節の前にあるときには，従属節の終わりにコンマを付ける．
I would like to travel **because** it is more educational.（というのは；という理由で）
When I came back to my own country, I noticed aspects of life ....（～したとき）
Although we are poor, we are happy.（～だけど）

(3) 等位接続詞として働くもの

主語と述語がそろった独立節（S + V）同士を結び付けるときは，等位接続詞の前にコンマを付ける．
The dark, heavy clouds burst, **and** thunder roared in the sky.（そして）
I want to buy a new car, **but** I don't have enough money.（しかし）

ただし結び付けられる二つの節の主語が同じで，後置される節の主語がない場合はコンマを付けない．
I went to a supermarket and bought some apples.
He wanted to buy a winter coat but couldn't find a nice one.

ただし，文を連結するとき，等位接続詞 and を用いるときには and の前と後の文では，主語はできるだけ変えないこと．

× He fell down, and his right leg was broken.

"and" の前後の文の主語が違うので，読み手の主眼点が移動する．したがって読み手は戸惑いを感じる．

➡ He fell down and broke his right leg.

7.10 不必要な単語・表現は省く

日本人は英語論文を書くときに，同じ意味なら長い単語や難しい単語を好むが，英

語では，長い単語より短い単語を使う方が，文章がきびきびしてリズムが出て，表現がいきいきする．

英語の著作では，簡潔さがよいスタイルとされているので，われわれが英語の論文を書くときには，努めて短い普通の単語を使い，不必要な単語を省くことが重要である．（この点は，日本語の著作では必ずしも重要視されていない．）

Short and familiar words have power: The fewer the words used, the more concentrated the attention; and the greater the concentration, the greater the power.

特に，科学的な記述は簡潔に書くようにすること．そのため，最少の単語数を用いて，意味内容を正確かつ必要なだけ詳細に伝えるようにすることが肝要である．

英語論文を書いたら，声を出して注意深く読み直し，以下に示す点に注意して不必要な単語を省くことが必要である．

7.10.1 意味が同じならば長い語よりも短い語を使う
（ラテン語系の言葉よりもアングロサクソン語系の言葉を使う）

  approximately ➡ about possess ➡ have
  commence ➡ start   sufficient ➡ enough
  demonstrate ➡ show terminate ➡ end
  frequently ➡ often   utilize ➡ use

7.10.2 **Pretentious Words**（もったいぶった言葉）➡ **Simple Words**（簡潔な言葉）

  ascertain ➡ find out furnish ➡ give
  category ➡ kind   notify ➡ tell
  employ ➡ use   prior to ➡ before
  finalize ➡ finish   purchase ➡ buy

7.10.3 不要な言葉を省く
(1) 前置詞句は，単一の前置詞や単語に短縮することができる

  because of the fact that（という理由で）➡ because
  by means of（によって）➡ by
  due to the fact that（によって）➡ because
  for the purpose of（の目的で）➡ for
  in order to（のために）➡ to
  in reference to（に関して）➡ on, about
  in relation to（について）➡ about
  in the case of（の場合は）➡ for, by, in
  on the basis of（という根拠で）➡ by
  with respect to（に関しては）➡ about

  × **The reason why** aluminum substrates were used was **due to the fact**

that they were less easily oxidized.
  ➡ Aluminum substrates were used **because** they were less easily oxidized.
× **Under the condition of intense excitation**, the material fluoresces.
  ➡ The material fluoresces **under intense excitation**.
× **From** the X-ray analysis of the sample, **the sample was identified** as Ge.
  ➡ The X-ray analysis **identified the sample** as Ge.

(2) 句➡単語

at the present time ➡ now, currently
at a distance of 1 m from ➡ 1 m from
majority of ➡ most
of rectangular shape ➡ rectangular
results of observations ➡ observations

(3) 不要な句や単語を取ってしまう

× During **the year of** 2004 ➡ During 2004
× It will cost **the sum of** 50 million dollars. ➡ It will cost 50 million dollars.
× We will send these materials **at a** later **date**.
  ➡ We will send these materials later.
× It happened at **the hour of** two o'clock. ➡ It happened at two o'clock.

(4) 節を避け，句や単語を使って書く（できるだけ少ない文字数で情報を伝える）

× **While we were staying** in Tokyo, we often visited our uncle **who lived in Chiba**.
  ➡ **During our stay** in Tokyo, we often visited our uncle **living in Chiba**.
× He grew up **and became** a famous pianist.
  ➡ He grew up **to be** a famous pianist.
× We received a letter from a brewery in Munich, **which was written in German**.
  ➡ We received a letter **written in German** from a brewery in Munich.

(5) 分詞を使って関係代名詞を省く

× **Clauses that are not acceptable** are listed below.
  ➡ **Unacceptable clauses** are listed below.
× All defects **that were found** during the inspection have been corrected.
  ➡ All defects **found** during the inspection have been corrected.
× The method **that was described in** Section 1 will be used here.
  ➡ The method **described in** Section 1 will be used here.
× The equation **that describes** this behavior is given in Appendix 1.
  ➡ The equation **describing** this behavior is given in Appendix 1.

(6) 漠然とした単語（**case, fact, process, situation** 等）は省く

- **case**　日本人に特異なほど好まれて文中に用いられるが，これは文を煩雑にするだけで，通常用いる必要がない．

- × **In the case of** the plastic deformation of dislocation-free crystal ....
    - ➡ **In** the plastic deformation of dislocation-free crystal ....
- × **In the case of** X = 0, ... ➡ **When** X = 0, ...
- × **In the case of** the present method .... ➡ **In** the present method ....
- **fact, process, situation**　case と同様に漠然としている．それゆえに使用しやすいのか，自分の思っていることを明確に言ってしまって問題を引き起こしたくないような「不精」な執筆者に好まれる．これらも排除する．
    - × **This fact** shows that the theory is valid.
        - ➡ **This** shows that the theory is valid.
    - × **The annealing process** of copper .... ➡ **The annealing** of copper ....
    - × If **this situation** occurs, Formula 2 should be used.
        - ➡ If **this** occurs, Formula 2 should be used.

(7) 余分な言葉は省く
- × Matsuda manufactures **a rotary system engine**.
    - ➡ Matsuda manufactures **a rotary engine**.
- × Turn the ignition switch **to the ON position**.
    - ➡ Turn **on** the ignition switch. または Turn the ignition switch **on**.

(8) 強い（アクションのある）動詞を使い，名詞を切り捨てる

【動詞＋名詞】で意味をもたせる do, get, have, make などの単音節の動詞は「弱い動詞」である．名詞と組み合わせてイディオムを作ることで，初めて意味が生じる性質の動詞で，これらの動詞自体には大きな意味はない．これは日本語で「名詞＋する・行う」という表現をそのまま英訳して，make interpretation, achieve improvement, perform analysis 等とすることに相当する．これらの英語表現は，英語のネイティブ・スピーカーには「まわりくどい」と思われる．

したがって，科学・技術論文ではこれらの弱い表現を使わないで，以下で示すように1語で表せる「強い動詞」だけを使い，インパクトのある強い表現にすること．

実験を行う	conduct an experiment	➡ experiment
調査を行う	do a survey	➡ survey
追加を行う	make an addition	➡ add
改正を行う	perform a revision	➡ revise
契約に至る	reach an agreement	➡ agree

「システム性能の改善が達成できた」
- × **Improvement** of system performance **has been achieved**.
    - ➡ System performance **has been improved**.

「彼らは購入に関する検査を行わなければならない」
- × They will have to **conduct an investigation of** the purchase.
    - ➡ They will have to **investigate** the purchase.

「解決策の準備はそれぞれ2回ずつ行われた」
- × Each **preparation of the solution was done** twice.

→ Each **solution was prepared** twice.
「われわれは現在導電特性の測定をしています」
× We are **currently engaged in the measurement of** the conductivity.
→ We are **now measuring** the conductivity.
「この文章に修正を加えなくてはならない」
× We have to **make corrections** in this document.
→ We have to **correct** this document.
「彼はその問題を綿密に調査した」
× He **made a careful study of** the problem.
→ He **studied** the problem **carefully**.
「研究所では，データの検証を行う予定である」
× The laboratory plans to **perform a verification of data**.
→ The laboratory plans to **verify data**.
「この方法では伝動ロスを検討したものです」
× This method **takes** transmission losses **into consideration**.
→ The method **considers** transmission losses.

どの例文も，「強い動詞」を使うことで文が短くなっている．同じ情報を伝えられるのなら，語数が少ない方が，読むのも楽であり，間違いも減る．

(9) 中立的な書き方を避ける

It is 〜 to/that 〜，There is/are 〜のような中立的な書き方には，次の欠点がある．
・力強さや躍動感を感じさせない（動作主があいまいになる）
・冗長であり，冷たい非人間的な感じを読者に与える
・間接的な表現になる
このため，もったいぶった構文になり，読み手を惑わし，読む速度を遅らせる．

× **It is suggested that** …. → **We suggest that** ….
× **It is generally believed that** …. → **Many think** ….
× **It is of interest to note that** …. →不要で削除
× **It should be noted that** …. →不要で削除
× **There are** twelve function keys on this keyboard.
→ **This keyboard has** twelve function keys.
× **There was a great need of** engineering staff at our Kobe factory at that time.
→ **Our Kobe factory greatly needed** engineers at that time.
× When specimens have smaller diameter than 50 cm, **there are** no defects.
→ Specimens smaller than 50 cm (in) diameter **show** no defects.

以上書き直した英文に共通するのは，文の形式が「**S + V + O**」という形のもので，「**誰が何をする／した**」点がはっきり表現されている．この明快な表現方法は，英語論文や英文レポートを書くときに威力を発揮する．

(10) 類語反復はやめよう

類語反復 (tautology) とは，同じことを異なる単語によって繰り返すことを意味し，日本人が英語を書くときに陥りやすい罠となっている．「電球の球」式の文は，語数が多くなるので読みづらい．さらに文が長くなり，読み手に迷惑をかけることにもなるので，このような不注意による語の繰り返しは避けること．

× The liquid is **red in color**. ➡ The liquid is **red**. (red は色 (color) を示す)

× This room is **large in size**. ➡ This room is **large**. (large は大きさ (size) を示す)

× **The reason why** I was so upset was **because** she seemed so angry with me.
 ➡ I was upset **because** she seemed so angry with me.

× An electron may interact with many scattering centers **simultaneously at a single time**.
 ➡ An electron may interact with many scattering centers **simultaneously**.

× An **orifice of orifice diameter** 0.5 mm was used.
 ➡ An **orifice of diameter** 0.5 mm was used.

× The two phases **merged together**. ➡ The two phases **merged**.

× The reagent was **adequate enough**. ➡ The reagent was **adequate**.

× The flywheel turns **at the rate of 1450 r.p.m**.
 ➡ The flywheel turns **at 1450 r.p.m**.

よく使われる類語反復の他の例を以下に記す．

advanced plan ➡ plan　　　　　join together ➡ join
different varieties ➡ varieties　　past history ➡ history
final outcome ➡ outcome　　　personal opinion ➡ opinion
foreign imports ➡ imports　　　repeat again ➡ repeat
future plan ➡ plan　　　　　　true facts ➡ facts

7.11 日本人に多い間違いを直す

(1) 論理的な誤りを避ける

× The **reaction rate** of B was **slow (fast)**.
「反応速度が遅い」と言っているからこうなる．
 ➡ The **reaction rate** of B was **low (high)**. または The **reaction** of B was **slow (rapid)**.
これが **velocity** なら **small (large)** となる．

× In such a system, **entropies** of activation would **become a negative value**.
「エントロピー」が「値」になるはずがない．ふだん「活性化エントロピーが負の値をとる」と日本語で言っているからこう書いてしまう．
 ➡ In such a system, **entropies** of activation would **become negative**.

× **In our previous paper**, B was reduced asymmetrically.
この例は日本人の論文の中によくある誤りである．「Bが不斉還元された」のはフラスコの中であって「前報の中」ではない．「前報で報告した」とする．
→ **In our previous paper, we reported** that B was reduced asymmetrically.

× **Elementary analysis** was in good agreement with **the standard sample**.
「元素分析」が「標品」と一致するはずがない．that を用いて書き直す．
→ **Elementary analysis** was in good agreement with **that of the standard sample**.

× The crystals are **considerably perfect**.
→ The crystals are **nearly (almost) perfect**.

× **A more complete report** will be published elsewhere.
→ **A more detailed report** will be published elsewhere.

この二つの例は両方とも「完全」というもの，すなわちこれ以上はないものを「限定」しているのでおかしい．

× **excluding a few exceptions**
これは論理的誤りというよりも慣用の差であろう．「**少数の例外を除いて**」というのは普通の日本語であるが，本来は「**少数の例外はあるものの**」が正しい．
→ **with a few exceptions**

× **A new synthetic method** of propane
一見しただけでは，どこが間違っているかわからないが，形容詞を取ってしまうと "a method of propane" となって意味がとおらないので，誤用である．
→ **A method for the synthesis** of propane
→ **A method of synthesizing** propane

(2) 間違えやすい接続詞：**When** か **if** か
「商品が着いたらお知らせください」
× Please let us know **if** the goods arrive.
if を使うと信用問題になるので注意．これでは「当方より商品を送ったのですが，そちらに着くかどうかわかりません．もし，着くことがあったら知らせてください」という意味の文になる．
→ Please let us know **when** the goods arrive.
「確実性の強い未来」の意味では，if でなく when を使う．

(3) 間違えやすい否定形
「あなたはそれをお望みではないと思う」
× I **think you don't** want it. → I **don't think** you want it.
think のほか, suppose, imagine, believe などの動詞は，どれもあとに否定の意味が続く場合は，最初に出てくるこれらの動詞を否定形にするのがルール．ただし, hope だけは例外で，後ろに否定の not を置く．
○ I **hope you won't miss** the train.

(4) ····-ed と ····-ing を取り違え

「退屈だ」「興奮した」などの～ed 動詞には注意すること．

× The weekly meeting always covers the same topics. I am always very **boring**.

→ The weekly meeting always covers the same topics. I am always very **bored**.

excited（興奮している），bored（退屈している）などの「ed 動詞」の表現には注意が必要である．excited, bored, moved, tired, interested, worried, frightened などの表現は，何らかの動作をされた結果，人が感じたことを叙述するときに使う．一方，同じ動詞を使う場合でも，····-ing の場合は感情を引き起こす原因を述べるときに使う．したがって"I am boring"はありうる表現だが，この場合意味は面白くなくしているのは会議ではなく，自分になってしまうので注意のこと．

(5) 他動詞と自動詞の取り違え

英語では，主語と述語をはっきりと示した構文（SVO（主語＋述語＋目的語）という語順の基本構文）を用いて表現する．一方，日本語においては，語順は比較的自由であり，構文に対する意識が薄く，このため日本人研究者は自動詞，他動詞の区別に対する意識が低い．

このような日本語と英語の違いから日本人研究者がおかしやすい構文上の問題点の一つに自動詞と他動詞の取り違えがある．日本人が英文を書くときには，日本語で「～を」をとらない場合は自動詞に，逆に「～を」をとる場合は他動詞にというように，日本語での発想を単純に英語に当てはめてしまうことによる誤りが多い．

(i) 他動詞を自動詞として使用しない

「何かについて話し合ったり議論したりする」

× **discuss about** our new project → **discuss** our new project

「誰々に連絡する」

× **contact with** him → **contact** him

しかし，この二つの動詞も名詞（discussion と contact）になると，前置詞 about と with は必要になる．自動詞か他動詞かは，辞書でチェックすること．

「授業に出席する」× **attend to** the class → **attend** the class

「命令に服従する」× **obey to** the order → **obey** the order

「駅に着く」× **reach to** the station → **reach** the station

「質問に答える」× **answer to** the question → **answer** the question

「それについて述べる」× **mention about** it → **mention** it

「助言を考慮する」× **consider about** the suggestion → **consider** the suggestion

(ii) 他動詞と前置詞の組み合わせに注意

・inform 人 of こと・もの

× I'd like to **inform you the result**. → I'd like to **inform you of the result**.

・prevent 人 from ····-ing

× The typhoon **prevented us to go** to Hokkaido.

➡ The typhoon **prevented us from going** to Hokkaido.
・remind 人 to 動詞 / remind 人 of こと・もの
　　× Hiroshi **reminded me of buying** that book.
　　　➡ Hiroshi **reminded me to buy** that book.
　　× This picture **reminds me my happy student days**.
　　　➡ This picture **reminds me of my happy student days**.
(iii) 自動詞を他動詞として使用しない
　「駅に着く」× **arrive** the station ➡ **arrive at** the station
　「手紙に返事を出す」× **reply** the letter ➡ **reply to** the letter
　「高校を卒業する」× **graduate** high school ➡ **graduate from** high school
　「物理学を専攻する」× **major** physics ➡ **major in** physics
　「その問題について話す」× **talk** the problem ➡ **talk about** the problem

(6) 正確な表現をしよう
　× **The electrons** in the P region **are decreasing**.
　　エレクトロンの数が減少したのなら，
　　➡ **The number of electrons** in the P region **is decreasing**.
　× The computer **is high speed**.
　　コンピュータそのものは高速ではないので，
　　➡ **The processing speed** of this computer **is high**.
　× **To improve the problem** ...
　　問題を解決するのなら
　　➡ **To resolve the problem** ...
　× We **controlled the temperature**.
　　温度を一定に保ったのなら，
　　➡ We **maintained the temperature at a constant value**.

7.12　適切な英文を書くための句読法の使い方

句読法とは，符号で文章を区切ることによって読みやすく明瞭にするものである．

7.12.1　スペース

単語と単語との区切りを示す．ピリオドやコンマの後にもスペースは必要だが，句読点の前にスペースを入れてはいけない．
(1) コロン（:）の前後
　E-mail アドレスの書き方
　　× E-mail : resident@xxx.com　（コロンの前後にスペースあり）
　　× E-mail:resident@xxx.com　（コロンの前後にスペースなし）
　　× E-mail :resident@xxx.com　（コロンの前にのみスペースあり）
　　○ E-mail: resident@xxx.com　（コロンの後にのみスペースあり）

メールアドレスの xxx.com の "." はドットでありピリオドではない．アドレス全体が一つの単語扱いなのででスペースは付けない．
(2) コンマ（,）の前後
× blood , lung , and heart（コンマの前後にスペースあり）
× blood ,lung ,and heart （コンマの前にのみスペースあり）
○ blood, lung, and heart （コンマの後にのみスペースあり）
(3) ピリオド（.）の後
× Fig.1（ピリオドの後にスペースなし）
○ Fig. 1（ピリオドの後にスペースあり）（注：3(a) 図は，Fig. 3(a) とする）
(4) 一つの単語とみなされるものにはスペースは入れない
学位：M.D., Ph.D.
時刻：10:50 p.m.（PM 10:50 ではない）
化学記号：NaCl, H_2O（一つの単語とみなされる）
比：3:5
(5) 数式（数字記号と数値を並べる）は記号の前後にスペースが必要
10 + 7 = 17   a × b = ab
ただし，不等号や ± の場合は一つの語とみなされるので前後にスペースを入れないことが多い．
a>b, 10.4±2.5, P<0.03, P>0.01
(6) 括弧を使う場合は，括弧の外側にスペースが必要
× Sixteen patients(10 men and 6 women)were studied.
○ Sixteen patients (10 men and 6 women) were studied.
×（ DNA ） ➡ （DNA）
ただし，文の一部に括弧があり括弧で終わるときは，そこにはスペースは付けない．
○ A was significantly greater than B (P<0.005).
(7) 数字と単位の間に **1** スペース入れる
200 V（200 ボルト）　　125 Ω（125 オーム）
10 A　（10 アンペア）　75 cm（75 センチメートル）
50 W　（50 ワット）　　32 kg（32 キログラム）
60 Hz（60 ヘルツ）
例外：1 スペース入れないもの
　50%（50 パーセント）　　20℃（摂氏 20 度）

7.12.2　コロン（:）

コロンは，前の文について詳しい説明や解説などを追加するとき，一連のリスト項目を示すとき，結果と原因を前後の文でつなぐときなどに使う．したがって，コロンの前と後ろは同格である．セミコロンよりも強く，ピリオドより弱い区切りである．
(1) ある単語についての説明を行う
　　× DRAM; dynamic random access memory

○ DRAM: dynamic random access memory
　　○ DRAM = dynamic random access memory
(2)　後に説明句がくることを示す
　　× The following drugs were used; drug A, drug B, and drug C.
　　○ The following drugs were used: drug A, drug B, and drug C.
　　○ His research includes three areas: Biochemistry, Zoology, and Biology.
(3)　コロンに続く項目を紹介する
　コロンが紹介の役目を果たすとき，コロンの前の部分と後の部分は，互いに独立した関係にある．したがってコロンをひとかたまりの句や節として文章の中で扱ってはいけない．
　　× The three key factors are: temperature, time, and concentration.
　　　この文章の誤りは，文章の途中で分けてしまっている点と，前半の部分が文として不完全な点である．正しい文にするためには，コロンを取り除くか，次のように書き直す．
　　➡ The three key factors are as follows: temperature, time, and concentration.
以上示したように，コロンの後には完結した文章がこなくてもよい．このときのコロンの役目は日本語では「すなわち」，英語なら"namely"とか"i.e."という感じに近いので，こういう語の後にさらにコロンを付けてはいけない．しかし，"the following"とか"as follows"の後には必ずコロンを付ける．

7.12.3　セミコロン（;）

　セミコロンにはそれぞれ独立しているが密接な関係をもっている節をつなぐ働きがある．これらの節は，それぞれをピリオドで完結する二つの文に分けることもできるが，セミコロンでつなぐと，両者の関係の深さが強調される．このような場合，セミコロンはコンマよりも強くピリオドよりも弱い性質をもち，考え方を区切ることができるので，前後の文のつながりを保つとともに長い文になることを避けながら，考え方の流れを示すことができる．

(1)　セミコロンでつなぐ独立な節の間には，原因と結果のような相互関係が存在する
　セミコロンは軽くて汎用性があるので，論旨の連続性を保ち，読者に文と文との関係を理解させる助けになるので科学・技術論文では非常に便利である．
　　○ John didn't let the defective parts pass his station; he recognized something was wrong.
　　○ His lectures are entertaining; they are full of jokes.
(2)　セミコロンの後は小文字でセンテンスを始める
(3)　主項目が二つの副項目で構成されいくつも並ぶ複雑な文章の場合，主項目がはっきりするように区切ることができる
　　○ The minor contaminants found in the product from the procedure were potassium dichromate, $K_2Cr_2O_7$; potassium hydroxide, KOH; and potassium carbonate, K_2CO_3.

この文は，コンマと括弧を使って次のように書き直すこともできる．
○ The minor contaminants found in the product from the procedure were potassium dichromate ($K_2Cr_2O_7$), potassium hydroxide (KOH), and potassium carbonate (K_2CO_3).
このように括弧を使うと，副項目と主項目の関係はそのままなのに，主文が明瞭になり，読みやすくなる．

(4) セミコロンは "**and**" と言い換えられる
The rain continued to fall; the river rose higher and higher.
= The rain continued to fall, and the river rose higher and higher.

(5) 副詞が接続詞として働くときに，切れ目を示すために使う
"besides (そのうえ)", "however (しかしながら)", "furthermore (さらに)"
"in fact (実際)", "otherwise (さもないと)", "accordingly (それゆえに)",
"nevertheless (それにもかかわらず)", "thus (だから)",
"consequently (したがって)", "then (それから)", "hence (それゆえに)",
"moreover (そのうえ)"

The yield of the new reaction was high; in fact, it was the highest of all the reactions examined.
The overall process includes one complex step; however, the operation has remained stable for three months.

7.12.4 ピリオド (.)

文章の終わりを示し，終止符とよばれる．また略語や略字の後に省略符として使われるが，最近ではこれを付けない例も増えている．

(1) 平叙文，間接疑問，命令文の後に付ける
He is a nice fellow. (平叙文)
He asked when she arrived. (間接疑問文)
Come here. (命令文)
文末にピリオドを含む省略語がくる場合には，重複して書くことはせず，ピリオドを一つ書くだけでよい．

(2) 大部分の省略語の後に付ける
Dr., Mr., Mrs. (英国流ではピリオドを付けない場合が多い)
Dec., e.g., vol., p., pp., B.A., Ph.D. など．
ただし，CIO, UNESCO, NATO などでは，各大文字の後にピリオドは付けない．

(3) 数字，記号を用いて，縦に箇条書きする場合に使用
1. Tokyo   a. high school
2. Osaka   b. junior college

(4) 文中の一部を省略したことを示す場合，ピリオドを三つ続けて付けること
There are several ways ... to master English.
原文は，There are several ways, all of which seem effective, to master English.

(5) 引用符を用いて独立文を引用した場合，引用符の内側にピリオドを付ける
She replied, "I hate him."
句を引用した場合も He did not explain the term "free enterprise." のようになる．

7.12.5 コンマ（,）
一連の各項目の間，等位接続詞（and, but, neither など）で結ばれた独立節の間，従属接続詞（if, when, because など）で始まる導入節の区切り，括弧の後，文の主節の前にくる長い句や節の後に付ける．

(1) **and** や **or** の前に，単語や文章などが続いて表現されたとき，その前に付ける
printers, terminals, and other peripherals
「プリンタ，端末機器，それにその他の周辺機器」

(2) 最後の項目の前に付ける **and** や **or** の前にもコンマを付ける
これにより，混乱を避けることができ，わかりやすくなる．
To obtain high yields, it was necessary to do the reaction under an inert atmosphere, to use solvents that were free of oxygen and water, and to not let the temperature rise above 45℃.
複数の項目を列挙するときには，列挙の形を統一するために，最後の and の前にコンマを書くとよい．

(3) 独立文を結ぶ等位接続詞（**and, but, for, or, nor, yet, still**）の前に付ける
He was tired, and he went home.

(4) 導入節（従属節）や導入句を主節から区切るのに用いる
When he saw me, he started to run.
In spite of that, she succeeded.
コンマを「道路標識」のように考え，そこで区切った方が文意がわかりやすいと思える場所に入れる．迷った場合には入れておいた方が無難である．
△ After cooling the stainless steel holder continued to expand until the temperature reached the equilibrium point.
After cooling なのか，After cooling the stainless steel なのか，わかりにくい．the stainless steel holder が主節であることをはっきりさせるため，after cooling の後にコンマを入れる．
➡ After cooling, the stainless steel holder continued to expand until the temperature reached the equilibrium point.

7.12.6 ハイフン（-）
範囲を示す数字をつないだり，ある種の複合語の形成に用いる．連続していることを表す．文献の頁数の範囲やフルスペルアウトされた分数の分母と分子の間もハイフンでつなぐ．

(1) 語句が行の終わりから次の行にわたるときにハイフンで区切る
ただし rhythm, stink のように1音節の語は区切ることはできない．2音節以上で

あっても o-ver, e-masculate のように1字だけを分離することはない．音節の区切りについては辞書に従うこと．
(2) **2語以上に分けて表記される複合語をつなぐ**
first-line supervisor, two-week vacation
She was a well-dressed woman.　cf. She was well dressed.
ただし最初の語が -ly で終わっている場合には，ハイフンは使わない．
recently appointed manager
(3) **semi, bi, tri, co, pre, re, super, over, under** などの接頭辞が付く場合には，原則としてハイフンは使わない
例外は，接頭辞の最後の字と次の語の最初の字が同じ場合．
co-owner, co-op, pre-election, anti-intellectual
(4) 数を表すとき，次のような場合にハイフンを用いる
twenty-one（以下99まで，これに従う）　　three-fourths（分数）
ten-, twenty-five-, and fifty-pound size　　pages pp.136-198
the period September 11 - October 4
(5) 二つあるいは二つ以上の単語をつないで，複合形容詞を作る
out-of-date ideas（時代遅れの思想）
old-fashioned custom（古めかしい因習）
fresh-water fishing（渓流釣り）
never-to-be-forgotten trip（決して忘れられない旅）
二つの語をつなげるとき，最後の語が分詞であればハイフンを用いる．
　egg-shaped head（卵型の頭）　　worm-eaten pear（虫食い梨）
　ready-made clothes（既製服）　　hard-working man（働き者）

7.12.7　括弧（( )）

本文とは構成上無関係な批評や説明を括弧で囲む．また正式名称を記述した後，括弧の中に略語を定義したり，使用した薬品名や機材などを記した後，それらの制作会社と所在都市名を括弧内に記載したりする．
(1) 説明，補足，例証などを文中に入れるときに用いる
これらの内容が文の他の部分とより密接な結び付きをもつ場合はコンマを用いる．
He has finally given up (somewhat unwillingly) the idea of our going to the party together.
Baker's argument (see p.73) is more to the point.
(2) 文中で事項を列挙する際の記号や数字を括弧に入れる
The basic elements of education were (1) reading, (2) writing, and (3) arithmetic.
(3) 文中の語句の略号を示すときに用いる
For electron holography we use a transmission electron microscope (TEM).

7.12.8 数値の範囲，数値と単位の示し方

(1) 英文で，数値の範囲の示し方

半角である en dash（ハイフンより長い）を使う．

× 20-30 mg　　　○ 20–30 mg

× 20 〜 30 mg　　○ 20 to 30 mg

注：半角の en dash の入力方法：半角でハイフン (-) を入力し，後でフォントを symbol に変更する．

(2) 名詞の前に置き形容詞としての使い方をする数値と単位等の名詞の組み合わせ

数値と単位等の名詞をハイフン (-) で結ぶ．

15-pin connector　　　　100-watt bulb

two-way communication　500-mililiter bottle

four-story building　　　 1024-color mode

注：数値が 2 以上の場合でも，ハイフンで結ぶ単位などは単数形を用いる．

8 英文を書くときに心がけておくべき文法的事柄

8.1 動詞の適切な時制

8.1.1 現在形で書くか，過去形で書くか

　科学・技術論文では，時制は論文で述べている研究の正確な位置付けを読者に示すので重要である．実験や計算を行ったのは過去のことであるから，過去形（または現在完了形）で書くが，得られた結果や結論は，一般に再現性があるものであるから現在形で書くべきである．

　The polymerization **was** followed by measuring the pH of the solution.

図や表などを示し，その内容について記述する際は現在形が適している．

　The results **are** summarized in Fig. 1; the pH of the solution **increases** as the amount of the additive increases.

　科学・技術論文の「現在」とは，読者がその論文を読んでいる瞬間であって，書き手は常にその瞬間を「現在」と想定しながら書く．つまり，読者になったつもりで書くのである．

　論文の中の**本論**（**Materials and Methods**（**Theory and Experiment**））や結果（**Results**）の章では，過去の事実について述べるので，記述は過去形で書くのが自然である．過去形が論文における本来的な時制とみなし，それ以外の時制が使われる場合を考える．

　現在形には，
　　(1)　現在の事実，(2)　現在の習慣的・反覆的動作，(3)　永久不変の真理，
　　(4)　歴史的現在，(5)　確定的未来
などを表す役目がある．論文で現在形を用いるとき，(1)または(2)の意味にとどまらず，(3)の意味で使うことが多い．

　Figure 1 **shows** that the reaction rate **increased** with increasing concentration of A.

　この文は，「図1は，Aの濃度を上げたとき，反応速度が増加したことを示す」という意味で，過去の実験事実をたんたんと述べているだけである．

　しかし，increased ➡ increases と現在形にするとその結果は常に反覆が可能で不変の真理というように気負った感じになる．さらに言うなら，図1からわかるように，「Aの濃度を上げると，反応速度は増加するものである」と，決め付けることになる．もちろん，筆者に自信があれば，率直に表現することも悪くないが，一般的には，実験の結果は過去形で書くのがよい．

　一方，序論（**Introduction**）や考察（**Discussion**）の章では，過去形よりも現在形が主として用いられることが多い．これらの章では，一般的な事実や理論を述べ

ることが多く，過去形を用いると，むしろ普遍性が失われるような印象を与える．

したがって，科学・技術論文の中では，章によって主たる時制が異なってくることになるが，それは自然であって，どうしても現在形なり過去形なりに統一しなければならないと思い込むことは迷信に近い．

なお，**著者抄録（Abstract）**は，現在形で書く人もいれば，過去形で書く人もいるが，率直に研究成果をまとめるという意味で，**過去形で書くことを奨める**．

上の例で，Figure 1 shows ... は決して Figure 1 showed .... にならない．一般に**文中の図表に関する説明は必ず現在形で書く**．読者はいつでもそれらの図表を参照できるから，読者が「現在」図表を見ていると考えるのである．Results of the pressure study are summarized in Table 1. のように，受動態の場合も，この原則は変わらない．

実験の方法などを説明するときは過去形が適していると書いたが，図面を用いて実験装置などを説明するような場合に限ると，図があるために現在形の方が自然である．

この際，時制が現在形と過去形の間を行ったり来たりするが，なるべく「ぎくしゃく」した感じにならないように注意することが必要である．

8.1.2　現在形で書いた場合と過去形で書いた場合のニュアンスの違い
(1)　著者抄録（**Abstract**）と考察（**Discussion**）
- 過去形で書いた場合

  The new peak **was observed** under ... conditions.
  は「その条件では，新しいピークが出た」ということで，過去の実験では確かに出た（少なくともそのときは）という気持ちが入っている．
- 現在形で書いた場合

  The new peak **is observed** under ... conditions.
  は，新しいピークはいつでもこの条件で出る（誰がやっても出る）という気持ちで書いており，著者の自信のほどを示す．つまり**現在形は「不変の真理」を表している**．

(2)　序論（**Introduction**）
序論で，過去に行われた他人の研究成果を要約する場合
  (i)　過去形で書いた場合

  Jones (1997) **reported** that the g form of the compound **was** the active component.
  この著者が，Jones が 1997 年に発表した「化合物の g form が活性成分である」という結果を信用しないで，むしろ信用しないどころか，彼らと反対の結果をこの論文で報告しようとしているので，**was** としたと考えられる．つまり「彼らの結果は〜であった（過去形）が，われわれの研究により〜である（真理を表す現在形）と判明した」という気持ちで書いていることになる．
  (ii)　現在形で書いた場合

  Jones (1997) **reported** that the g form of the compound **is** the active component.

is と現在形にすると，Jones が 1997 年に「化合物の g form が活性成分である」と述べたことは，今でも正しい（真理である）と著者も認めていることになる．このとき，「時制の一致（主文の時が過去形のときには，従属文も過去形にする）」が守られていないことがある．

8.1.3 現在形と過去形の使い方（まとめ）
(1) 現在形（**present tense**）の使い方
- 原理やすでに発表されている確立した知識
  The use of high pressure **accelerates** the rate of reactions that **have** a small activation volume.
- 文中での図や表の説明（データの表示）
  Figure 1 **shows** that the reaction rate increased with increasing concentration of A.
- 数式，実験装置の説明，操作手順
  The resulting equation **is given** by ....
- 自分の研究結果から得られた結論，解釈，仮説
  This result **shows** that the addition of carbonate **doubles** the reaction rate.

序論（Introduction）と考察（Discussion）では，すでに確立した知識を強調していることが多いので現在形にすることが多い．

(2) 過去形（**past tense**）の使い方
- 自分の行った実験方法や実験器具，実験材料等の記述
  The scanning tunneling microscope **was** used to image the Si(100) surface morphology.
- 自分の行ってきた研究の結果の記述
  The reaction rate **was** stable when the temperature **was** less than 25°C.
- 他の研究や研究者の成果の引用
  Jones (1997) **reported** that g form of the compound **is** the active component.

実験の論文では，著者抄録（Abstract），本論（Materials and Methods），結果（Results）では，自分の行った実験結果について述べるので過去形にすることが多い．

8.1.4 現在完了形の使い方
現在完了時制は，過去の事象の影響が，何らかの意味で現在に及んでいる場合に用いられる．これに対して過去時制では，現在との間にはっきりした断絶がある．
例えば，

Einstein **has left** an indelible mark on modern physics.

という文では，現在完了形が使われているために「アインシュタインは現代物理学に消し去ることができない痕跡を残し，**そして影響は現在にも脈々として及んでいる**」という感じになる．もし has を取り去り過去形にすると，「そして」以下の感じが消

えてしまう．つまり，現在完了で表された過去の行動は，現在への結果が重視されている．

過去に発表された文献の中で述べられている業績を，論文の中で取り上げる必要が生じたときには，過去における実施期間を明らかにしていなければ，業績のもたらした知見については現在完了形を用いて記述する．

 Born and Stern **have performed** classical calculations of the surface energy.

それは過去の業績であっても文献という形をとって現存し，その結果は「現在」取り上げている主題に何らかの意味でつながっているという理由で現在完了形を使う．

しかし，ある特定の過去の時期を明らかにした場合には，現在完了形ではなく単純過去形を用いなければならない．

 In 1919 Born and Stern **performed** calculations of the surface energy.

また，いったん現在完了形を使って過去の研究に触れたら，次にその研究内容を説明するときは，研究の実施期間もわかっていると考え単純過去形を使う．

 Several forms of distortion **have been assumed** by Smith and Taylor. They **allowed** the inter-planar distance perpendicular to the surface to vary.

複数の研究をまとめて紹介する場合にも，研究の時間的前後関係がはっきりしていれば，後続の研究の内容説明には単純過去形を用いる．

8.2 冠詞の使い方

日本語には冠詞がないので，英語を書くときには名詞に冠詞を付けるかどうかの判断は非常に難しい．英語では，名詞が特定されているかどうか，限定されているどうかは，冠詞を用いて判断している．日本人が英語論文を書くときには，冠詞の有無によって筆者の意図とは異なる意味にとられたり，内容を正確に理解してもらえなかったりすることを避けるために，冠詞の正しい使い方を習得する必要がある．

まず，定冠詞と不定冠詞の違いは
- 定冠詞 "**the**" は，対象がただ一つであることを暗示している
- 不定冠詞 "**a**" はそれがいくつかのうちの一つである（**one of many**）ことを言外に意味している

である．したがって

 The solution of Eq.(2) is given by Eq.(3).

は，この解がただ一つしかないことを暗に意味していて，

 A solution of Eq.(2) is given by Eq.(3).

は少なくとも他の解がありうることを意味している．

以上をふまえ，最初に「a (an), the, 無冠詞」の使い方の判断基準を述べる．
- 可算名詞か不可算名詞か
- 一般的な記述か
- 読者がはっきりと特定できる物事か

名詞が不可算か可算かによる冠詞の基本的な使い方の違いを下にまとめた．

> 《不可算名詞》の場合
> ・単数形しかないので，a (an) は使わない
> ・はっきり特定できるときには the を使い，特定できなければ無冠詞
>
> 《可算名詞》の場合
> ・単数形：それまでに述べてあって特定できる場合や，「名詞＋of」「名詞＋句または節」という形で限定した名詞の場合には the を付け，そのほかの場合には a (an) を付ける
> ・複数形：はっきり特定できるときは the を付け，特定できないときは無冠詞とする
> ・広い意味での一般的記述は無冠詞の複数形とする

8.2.1　不定冠詞（a, an）の使い方

まず，名詞が特定されない場合の冠詞の使い方を述べる．この場合は，可算名詞か不可算名詞によって扱い方が変わる．

(1) 不可算名詞（**uncountable noun**）の場合
- "**information**（情報）", "**water**（水）", "**sand**（砂）", "**equipment**（装置）", "**research**（研究）" などはふつう数えることのできない単語として扱われるので "a" や "an" を付けたり，複数形で使ったりしない
  - × There are three important **informations** that helped us with our research.
    - → There are three important **pieces of information** that helped us with our research.
  - × **Several equipments** were installed.
    - → **Several pieces of equipment** were installed.
  - × I have three main **researches**.
    - → I have three main **research areas**.
- 不可算名詞が一般的に使われる場合は冠詞を付けない
  Information is important for the advancement of technology.
  Water is an important ingredient for the successful completion of this reaction.（この water は一般的な水を意味する不可算名詞）
- 不可算名詞に特別な意味をもたせたい場合には "**the**" を付ける
  The water in the solution was removed by storing the solution over molecular sieves for 12 hours.（この water は「溶液中の水分」と特定されている．）

(2) 可算名詞（**countable noun**）の場合
- "**compound**（化合物）" "**reaction**（反応）" "**desk**（机）" などの数えられる名詞（可算名詞）が一般的に使われる場合は，単数形に "a" や "an" を付ける
  The reaction produced **a compound** that was insoluble in acetone.
  ここでは，"compound" を一般的な意味で使っている（しかし化合物が一つだけ作られたと勘違いされる可能性がある）．
- 複数形が望ましい場合
  The reaction produced **compounds** that were insoluble in acetone.
  このように同じ名詞でも，もし複数形を使って支障のない場合には，複数形を使っ

た方がより広い意味（**more general meaning**）を表す．

8.2.2 定冠詞（the）の使い方

> 定冠詞 "the" は後に続く名詞が特定のものと限定されたものであることを，読者に示すために使われる指標である．ただし，著者（話者）と読者（聞き手）の間でその限定が了解済みと認められるものに限る．

(1) 限定用法
- 前に出てきた名詞に付ける（文脈から一つに決まる）
  We produced a new computer, but **the computer** needs further improvements.
- 初めての名詞でも，それまでの文脈や日常的な理解から推定できるような特定の名詞に付ける（連想から一つに決まる）
  Where is **the station**?（駅はこの辺りには一つ）
  Please open **the door**. （そこにあるドアを示す）
  We have invented a flying vehicle. **The wings** are triangle.
  (**wings** は，前の文に出た "a flying vehicle" のものであることが容易に連想され，「一つ」に限定されるので **the wings** となる)
- 名詞を限定する形容詞（句）により，その名詞が特定されている場合に付ける
  よく使われる用法であるが，間違えやすいので注意が必要である．
(i) 形容詞の最上級，序数，**only**，**same** などが付いて，名詞を特定できる場合
  Mt. Fuji is **the highest mountain** in Japan.
  The hardest material known to man is ....
  This device produced **the first sample** of ....
(ii) 修飾する語句が前置詞などにより名詞の後に付く場合
  The steps of the procedure are ....
  The rod going through the chamber was ....
  Put the vase in **the center** of the table.
  Go down right to **the end** of the street.
  "**the United States**"（アメリカ合衆国），"**the United Kingdom**"（英国（連合王国））に **the** を付けるのは，「修飾語により特定される」からである．
(iii) 特定の時代や場所を表す場合
  誰にでも特定できる時代や場所に "the" を付ける．
  The invention of scanning tunneling microscopy **in the 1980s** was ....
  「1980年代の初期に」は in the early 1980s，「1980年代の末ごろに」は in the late 1980s と書く．なお，1980代を表すのに昔は 1980's と書いていたが，最近はアポストロフィを取って 1980s とすることが多い．
  特定の（あるいは一つしかない）場所や物の例にはとしては，"the sun"，"the earth"，"the sky"，"the ground" などがある．
  The sun is the ball of fire in **the sky the earth** goes round.

(2) 対象物全体を表す場合（総和的用法）
対象物の属する種全体を表すために "the" を付ける．
The STM is a valuable tool for surface analysis.

注1："**X theory**" と "**the X theory**" の使い分け方
- X がその理論の題目ならば，"X theory" である．
"solid-state theory", "electromagnetic theory", "superconductivity theory"
- X が，その理論の条件ないし仮定あるいは方法を表すときか，それを作り上げた人々を名指すときには，"the X theory" である．
"the quark theory", "the BCS theory", "the Fermi liquid theory"

注2：「**500度で**」や「**500度という高温で**」の温度に付く冠詞は定冠詞か不定冠詞か？
- 「ある限定した500度という温度で」と書くとき定冠詞が付き at the temperature of 500 K となる．（単に at 500 K も OK）
- 一方高温で，500度の場合は at a high temperature of 500 K となる．すなわち，形容詞が付くときは不定冠詞 "a" を使う．

注3：「**500度から1000度の温度で（温度範囲で）**」はどう書くか？
- 「範囲」という言葉を使うのであれば定冠詞を使って in the temperature range from 500 to 1000 K．
- 「範囲」という言葉を使わないで at temperatures between 500 and 1000 K と書くこともできる（温度が複数になっていることに注意）．

注4：**地位は抽象＝無冠詞**
- 「君をニューヨーク支社長にしよう」を英語にすると
I'll make you (the) head of our/the New York branch.
と書ける．head は無冠詞でも the 付きでも正しい文だが，以下の違いがある．
  (i) 無冠詞の head of ... branch は「支社長（という地位）」となり抽象概念を示す．
  (ii) the を付けて the head of ... branch とすると，「支社長（である特定の人間）」となり，具体的存在を示す．
しかし "a head of ... branch" では，支社長が何人もいることになってしまうので不可．

8.2.3 冠詞の省略法
(1) 混乱する可能性がない場合には，最初の名詞だけ冠詞を付けて残りは省略する
A doctor and nurse were provided for them.
the Navy, Army, Air Force, and Marine Corps
the old and new worlds
(2) 一人で二役の人には，最初だけ冠詞を付ける
He is a poet and novelist.
(3) ある文において，職業や地位が大切なときは，補語となる名詞の前の冠詞を省く
He was elected chairperson.

(4) 建物が，建物それ自体ではなくて，その本来の目的のために使われる場合には，冠詞を付けない
I go to school from Monday to Friday.
She has to go to hospital twice a week.
この意味でも米語では the を付けることが多いが，英語では付けない．
ただし，建物それ自身を意味する場合には the を付ける．
Turn left after you pass the school.
I'm going to the hospital to visit a friend who is ill.
(5) 手段や方法を表すときに，**by** や **on** を伴う普通名詞は冠詞を付けない
by air, by bus, by mail, on foot, on horseback
(6) **from 〜 to 〜** の形で使われる慣用句には冠詞を付けない
from beginning to end, from head to toe, from time to time, from door to door
from 〜 という形で to を伴わない場合には，from the 〜 が一般的な形である．
from the beginning, from the start, from the first

8.2.4 固有名詞と冠詞

固有名詞には冠詞を付けないことになっているが，Maxwellian distribution, Hamiltonian function というように固有名詞から出てきた形容詞が付いた名詞には，普通名詞と同じように，定冠詞 the，不定冠詞 a が付く場合も，冠詞が付かない場合もある．

(1) 特定の方程式，公式，近似法などを意味するとき

the Schrödinger equation, the Boltzmann equation, the Bethe approximation, the Debye formula のように the を付けるのが普通である（固有名詞は形容詞として用いられている）．しかし，Fourier coefficient のようなときには，a を付けることも付けないこともある．

(2) 固有名詞が所有格の形で用いられるとき

Wick's theorem, Pauli's exclusion principle などのように冠詞は付けない．したがって，the Debye's model は間違いで，Debye's model とする．定理や法則に発見者の名前を付ける場合は，この形にするのが普通である．

Fermi 粒子というのは，Fermi が発見した粒子ではなく，Fermi 統計に従う粒子という意味であるから，Fermi's particle ではなく the Fermi particle とする．

8.3 名詞の使い方

英語を書くとき，どんな名詞でもそれが countable（可算）か uncountable（不可算）かに気を付ける必要がある．water や air のように意味から不可算と判断できる場合もあるが，日本語で考えるだけでは判断が難しい．また状況により可算から不可算に変わるものもある．

8.3.1 可算名詞（Countable Nouns）

(1) 可算名詞の定義：個数で数えることのできるものを表す名詞
- 見えるものや形のあるもの（car（車）や book（本））
- 初めと終わりのあるもの（movie（映画）や lecture（講義））
- 区別可能なもの，境界線により明確に仕切られるもの（floor（床）や wall（壁））
- 個別的に捉えることができるもの，または具体的なもの
- 普通名詞と大部分の集合名詞がこれに属す
- 辞書には C のマークで表示されている

(2) 可算名詞の特徴
- 単数・複数の区別がある：a machine, machines
- 単数には不定冠詞（a, an）が付く：a computer
- 数詞が付けられる：two motors, three lamps
- 複数には不定数詞（many, few, more, fewer など）が付けられる：many books

(3) 可算名詞の使い方
  一般的な話をするときに出てくる可算名詞は，複数形を使う．
  × I hate cockroach. ➔ I hate **cockroaches**.
  （私は（特定のゴキブリではなく一般的に）ゴキブリが嫌いです）
  × English newspaper is difficult to read.
  ➔ English **newspapers** are difficult to read.
  （The Japan Times, The Asahi Shimbun AJW, The Japan News などの特定の新聞（インターネット版含む）をさすのではなく，どれでも）英字新聞は難しい）
  × Japanese people like thing which comes from foreign country.
  ➔ Japanese people like **things** which come from foreign **countries**.
  （日本人は（どこの国と特定しないで）外国から入ってくるものが好きです．
  可算名詞は「a＋単数形」「the＋単数形」の形で一般的な表現をすることができ，「the＋単数形」は，学術書，講義，科学，科学技術に関する話題でよく使われる．
  A motorbike is cheaper than a car.（オートバイは，車より安い）
  The television was invented by a Scotsman.
  （テレビはスコットランド人が発明したものです）
  しかし，**複数形を使う形の方が一般的である**．

8.3.2 不可算名詞（Uncountable Nouns）

(1) 不可算名詞の定義：個数で数えることができないものを表す名詞
- 見えないもの（ignorance（無知））
- 形のないもの（air（空気），oxygen（酸素），nitrogen（窒素））
- 初めと終わりがないもの（water（水），milk（牛乳））
- 区別できないもの
- 境界線によって明確に区切られていないもの

8.3 名詞の使い方

- 個別的に捉えられないもの，または抽象的なもの
- 辞書には U のマークで表示されている
- 物質名詞，集合名詞，抽象名詞，固有名詞など

　　物質名詞：一定の形をもたないので数えられない名詞
　　　　gold（金），iron（鉄），coal（石炭），water（水），paper（紙），air（空気），oxygen（酸素），nitrogen（窒素），stone（石），sand（砂）など
　　集合名詞：同じ種類の人や物の集合
　　　　family（家族），furniture（家具），machinery（機械），equipment（機器）
　　抽象名詞：特性や性格，感情，活動・行動，自然や人的な力・作用など
　　　　特性や性格を表すもの：accuracy（正確さ），efficiency（効率）
　　　　感情を表すもの：happiness（幸福），anger（怒り），laughter（笑い）
　　　　活動・行動・行為を表すもの：fishing（魚釣り），swimming（水泳）
　　　　自然や人的な力・作用を表すもの：progress（進歩），propagation（伝播）
　　　　その他：information（情報），news（ニュース），knowhow（ノウハウ）
　　固有名詞：一つしかない固有のもの
　　　　定冠詞の付かないもの：人，国，街路，市，町の名前を単独に使うとき
　　　　　　Tokyo（東京），Japan（日本），Mozart（モーツァルト）
　　　　定冠詞の付くもの：固有名詞を他の名詞を修飾する形容詞として使うとき
　　　　　　河川，海，海峡，運河および複数形の固有名詞（山脈など）
　　　　　　the Thames（テームズ川），the Pacific Ocean（太平洋），
　　　　　　the English Channel（イギリス海峡），the Himalayas（ヒマラヤ山脈）

(2) 不可算名詞の特徴

- **原則的には複数にしない**：water（水），smoke（煙）
  ただし本来複数形の形をした不可算名詞がある．
  学問・技術：mathematics, physics, mechanics, economics, electronics, statistics
  国名：the USA, the Netherlands, the Philippines
- **不定冠詞を付けない**：baggage/luggage（手荷物）evidence（証明）
- **形容詞が付くと意味が限定され，a（an）が付けられることがある**
  （具体例や種類を示す場合）
  a short-lived happiness（つかの間の幸福）
  a beautiful sky（美しい空）（元来，空は一つしかないので，the sky とは言うが，a sky とは言わない）
- **形容詞がついても純然たる抽象名詞には a（an）を付けない**
  これらは科学論文でよく用いられるものであるので，注意が必要である．

advice（忠告），assistance（援助），agreement（協定，契約），behavior（行為，挙動），character（個性，特性），dependence（依存），emission（放出，放射），encouragement（激励）， equipment（装置，備品），evidence（証拠），gratitude（感謝の気持）, help（助力），information（情報），knowledge（知識），literature（著述，文献），machinery（機械装置，機械設備），nature（自然），progress（進歩），research（研究），scattering（散乱），scenery（景色），staff（職員），support（支持，援助），wisdom（知恵），work（仕事，研究）

She gave him excellent advice.
I would like to express my deepest gratitude for inviting me to your colloquium.
He gave me helpful information.

- 数詞を直接付けない．個数を表現するには次のようにする
  three sheets of paper（3枚の紙）
  two pieces of equipment（装置2点）
- 量を表す語（**much, little, more, less, least** など）が付けられる
  much milk, little juice, less water

(3) 不可算名詞の意味
　不可算名詞は，下に示すように共通のイメージを描けるものである．

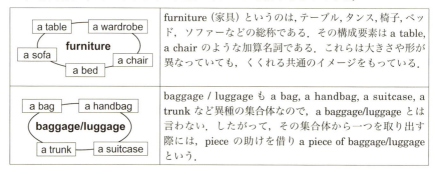

(figure: furniture with a table, a wardrobe, a sofa, a bed, a chair)	furniture（家具）というのは，テーブル，タンス，椅子，ベッド，ソファーなどの総称である．その構成要素は a table, a chair のような加算名詞である．これらは大きさや形が異なっていても，くくれる共通のイメージをもっている．
(figure: baggage/luggage with a bag, a handbag, a trunk, a suitcase)	baggage / luggage も a bag, a handbag, a suitcase, a trunk など異種の集合体なので，a baggage/luggage とは言わない．したがって，その集合体から一つを取り出す際には，piece の助けを借り a piece of baggage/luggage という．

8.3.3　可算と不可算の両方の性質をもつ名詞

　可算・不可算の区別は必ずしも単語によるのではなく，そのときの意味によって決まる．日本語の発想では同じ意味でありながら，可算にも不可算にも使う名詞がある．

ability：
　　C　才能：John is a man of many abilities.
　　U　〜の能力：He has the ability to speak French and German.

energy：
　　C　活動力，能力：She applied all her energies to the development of the new town.
　　U　エネルギー，活力：The energy of the sun is extremely large.

light：
　C 明かり：The lights at the entrance went out.
　U 光：A photoreceptor receives light.
liquid：
　C 液体の種類：Water is a liquid.
　U 液体：Microwave honey until liquid, about 20 seconds.
metal：
　C 種類としての金属：This is an alloy of three metals.
　U 材料としての金属：A lot of metal is used in the machine.
performance：
　C 成績，実績，上演，演奏：Our company's business performances improved.
　U （機械）の性能：The performance of this machine needs improvement.
room：
　C 部屋：His house has five rooms.
　U 特定されていない空間，〜する余地：There is room for correction in his report.
theory：
　C 学説，説：There are many theories about the origin of life.
　U 理論，学理：The BCS theory has had a great influence on physics.

8.3.4　単数形で用いるか，複数形で用いるか
(1)　単数形でのみ用いられる名詞：
　advice, agreement, character, encouragement, information, knowledge, notation など
(2)　抽象名詞―― **process or action** を記述：普通は単数形，何回も起こった場合は複数形
discussion
　　× We give **some discussions** of this point in Section 1.
　　　→ We give **a discussion** of this point in Section 1.
　　○ **The discussions of this point given in Refs. 1 and 2** are inadequate.
　　　しかし，**The discussion of this point given in Ref. 1** is inadequate.
　　○ 謝辞には for helpful discussions とする．
experiment
・意味するものが一般的な概念ならば単数形
　in agreement with experiment, according to experiment, conflicts with experiment take the values of 3.2 from experiment
・特定な使い方をするときには，複数形にする．
　the experiments of Jones
　ここでは，Jones が何回も行った実験という意味である．

なお experiments を experimental data と区別すること．
The experimental data are subject to a large error.

(3) 一般的概念を示す場合に複数形で用いられる名詞

次の名詞は，意味が一般的概念であるときは複数形で使われるが，特別な性質などを示すときだけ単数形で使われる．

Let us examine **various aspects / the characteristics / some features / the properties** of this problem.

The solution (2.5) has the **characteristic / feature / peculiar property** of being invariant under the interchange of x and y.

(4) 交換の複数形

同種のものが二つ以上存在することを前提にする表現を「交換の複数形」または「相互複数」とよぶ．

- make friends with「…と親しくなる」
- change trains「電車を乗り換える」, change buses「バスを乗り換える」
- shake hands with ...「…と握手する」
- exchange places with ...「…と立場を入れ替える」
- take turns ... ing「かわりばんこに…する」
- be on good terms with ...「…と良好な関係にある」

8.3.5 不可算名詞に対する代用加算名詞

不可算名詞に対する代用加算名詞には次のものがある．

不可算名詞	加算名詞
advice（忠告）	➡ suggestions（忠告）
baggage, luggage（手荷物）	➡ suitcases, bags, boxes
behavior（挙動，生態）	➡ habits（習慣，習性）
equipment（機器）	➡ machines（機器），instruments（器具）
evidence（証拠，根拠）	➡ indications（証拠，根拠），results（結果）data（← datum の複数，データ）
furniture（家具類）	➡ tables, chairs, beds, desks
information（情報）	➡ announcements（口頭），reports（報告，レポート）
literature（文献）	➡ references（文献），published reports（出版報告物）
machinery（機械類）	➡ machines（一つ一つの機械）
research（研究）	➡ studies（研究）

8.3.6 紛らわしい不可算名詞（決して"s"の付かない単語）

advice

× The authors are extremely grateful for **the advices** offered by Prof. G and Mr. C.

➡ The authors are extremely grateful for **the advice** offered by Prof. G and

Mr. C.

adviceの代わりに可算名詞のsuggestion(s), recommendation(s), instruction(s)を使うことができる．

assistance
- × The authors are indebted to Dr. A of B Laboratory and Dr. Y of X University for **their assistances**.
- ➡ The authors are indebted to Dr. A of B Laboratory and Dr. Y of X University for **their assistance**.

dependence
- × We measured the **dependences** of the quantity X on temperature and pressure.
- ➡ We measured the **dependence** of the quantity X on temperature and pressure.

「依存性」が二つ以上ある場合でもdependenceは単数で用いる．

encouragement
- × The authors would like to thank Professors X and Y for **their encouragements**.
- ➡ The authors would like to thank Professors X and Y **for their encouragement**.

equipment

「いくつかの設備が備え付けられている」
- × Several **equipments** were installed.
    - ➡ Several **pieces of equipment** were installed.
    - ➡ Many **items of equipment** were installed.

equipmentの代わりに可算名詞のdevice(s), apparatus(es), machine(s), instrument(s)などを使うことができる．

following

「次（以下）に挙げるもの」「下記のもの」という意味．

followingは，単数形で複数の意味を表すこともできる（followingsはない）．次にくるものが一つの場合には動詞も単数形，複数の場合には，複数形になる．
- × **The followings are** two items that we should consider.
    - ➡ **The following are** two items that we should consider.
- ○ **The following is** my only advice to you.
- × **The followings were** assumed.
    - ➡ **The following was** assumed.
    - ➡ **The following assumptions were** made.

help
- × The authors would like to thank the staff of J Institute for **their helps**.
- ➡ The authors would like to thank the staff of J Institute for **their help**.

information
　information は s を付けて複数にすることはできないが，次のような間違いをよく見かける．例えば，
「そのテストを終えるためには，たくさんの情報が必要です」
　× **Many informations** are needed to complete the test.
　➡ **Much information is** needed to complete the test.
　× This is **a valuable information**.
　➡ This is **a valuable piece of information**.
　× The results of Sano *et al.* (2012) are based on **two experimental informations**.
　　➡ The results of Sano *et al.* (2012) are based on **experimental information**.
　　➡ The results of Sano *et al.* (2012) are based on **two experimental values**.
information の代わりに可算名詞の announcement(s), answer(s), datum (data), number(s), observation(s), report(s), value(s) などを使うことができる．

knowledge
　× **Many knowledges** were obtained. ➡ **A lot of knowledge** was obtained.
　× We have new **knowledges** on this subject.
　➡ We have **little knowledge** on this subject.

literature
　× The **literatures offer** evidence to support this.
　➡ The **literature offers** enough evidence to support this.
　× The **literatures** in this paper are not sufficient.
　➡ The **literature** in this paper is not sufficient.

8.3.7 紛らわしい不可算名詞（特別な意味においては"s"を付けうる単語）

agreement
　× The theoretical values are **in good agreements with** the experimental ones.
　➡ The theoretical values are **in good agreement with** the experimental ones.
　　（理論値は，実験値とよく一致している）
　　注：協定，契約の意味では複数形をとる．

damage
　× **Many damages were** done to the substrate.
　➡ **A lot of damage was** done to the substrate.
　➡ **The substrate was** severely **damaged**.（基板は大きな損傷を受けた）
　　注："damages" と複数形で用いると，法律用語で損害賠償金を意味する．

staff
　staff は通例単数形．集合的には単数・複数扱いで職員，社員，部員，スタッフを意味する．一人一人のスタッフは a staff member, a member of the staff と

書く．
- ○ The authors would like to thank **the staff of X University**.
  （著者らは X 大学の局員の方々に感謝したい）
- ○ The authors would like to thank **the staffs of X University and Y Institute**.（著者らは X 大学及び Y 研究所の局員に感謝したい）
  > 注："staff" と単数形で用いるときには，個人ではなくあるグループの人をまとめて示している．複数形で用いるときには，そのようなグループがいくつかあることを意味する．
- × Dr. X is **a staff of** Y Institute.
  - ➡ Dr. X is **on the staff of** Y Institute.
  - ➡ Dr. X is **a member of the staff of** Y Institute.
    （X 博士は Y 研究所の職員である）

support
- × The authors would like to thank the following people **for their supports**.
  - ➡ The authors would like to thank the following people **for their support**.
    （著者らは，以下の方々の援助に対して感謝したい）
    > 注："supports" と複数形で用いるときには物理的な支持を意味する．

8.4　False Friends（カタカナ英語）に注意

False friends（カタカナ英語）の定義は，
　words that cause problems because they have **different meanings** or **stresses (accents)** in English and Japanese
である．
　科学・技術分野には，カタカナ英語が多く，ほとんどのものが日本人にしか理解できないものであるので，カタカナ英語は意味と発音を辞書で調べてから使うこと．

8.4.1　英語をそのままカタカナ語にした言葉
(1)　アクセントを間違えやすいもの

カタカナ表示	in English	発音に近いカタカナ表記
アイデア	idea	アイ**ディ**ア
アドバイス	advice	アド**ヴァ**イス
キャリア	career	カ**リ**ア
パターン	pattern	**パ**タン
ビタミン	vitamin	**ヴァ**イタミン
シリーズ	series	ス**ィー**リーズ
ゼロックス	Xerox	**ズィー**ロックス

(2)　発音がかなり変化したもの

アイロン	iron	**アイ**アン
アルコール	alcohol	**アル**コホール

エネルギー	energy	エナジー
ゲノム	genome	ジーノゥム
ゲル	gel	ジェル
ビニール	vinyl	ヴァイヌル
ミクロ	micro	マイクロ
メートル	meter	ミータ
ラベル	label	レイベル
リットル	liter	リータ

(3) 英語の方が意味範囲の広いもの

エンジン	an engine（エンジン＋機関車，消防自動車）
コピー	a copy（複写＋(同じ書籍，雑誌などの) 1冊）
チェック	check（調べる＋阻止する，小切手，伝票）
ティッシュ	tissue（ティッシュペーパー＋(筋肉などの) 組織）
デート	a date（デート＋デートの相手，日付）
フィルム	a film（フィルム＋映画，薄膜）

(4) 日本語の方が意味範囲の広いもの

カメラマン	a cameraman（通例，映画，テレビのカメラマン．スチール写真を撮る人は photographer）
ジャム	jam（果実のジャムに限る．砂糖漬けは preserve）
ジュース	juice（100％果汁のものに限る．炭酸入りは pop）

8.4.2　日本人が作ったカタカナ英語

(1) 英語の一部を省略したもの

エアコン	an air conditioner
シンポ	a symposium
スペル	spelling（spell は「語をつづる」の意）
セロテープ	a cellophane tape（米）a Scotch tape,（英）a Sellotape
ドライバー（工具）	a screwdriver（driver は運転手）
プラスドライバー	a Philips screwdriver
マイナスドライバー	a slotted (standard) screwdriver
ノート	a notebook（note は覚書）
パソコン	a personal computer
ボールペン	a ball-point pen
マイコン	a microcomputer
リモコン	remote control
ワープロ	a word processor

(2) 英語にない語を加えたもの

| ネクタイピン | a tiepin |
| ワイシャツ | a shirt（「ワイシャツ」は white shirt がなまったもの） |

リスト・アップする　　　list
(3) 半分は英語，半分は和製英語からなるもの
アフターサービス　　　（修理）repair service
　　　　　　　　　　　（保証サービス）warranty, guarantee
シャープペンシル　　　a mechanical pencil
テーブルスピーチ　　　an after-dinner speech, a table talk
ハードスケジュール　　a heavy（または tight）schedule
(4) 元の英語と異なる意味をもつもの
クーラー　　　an air conditioner（cooler＝ワインなどを冷やす器）
クレーム　　　a complaint（claim＝要求）
サイン　　　　a signature, an autograph（sign＝署名する，看板，合図）
ヒアリング　　listening comprehension（hearing＝聞こえること，聴覚）
マンション　　a condominium（(米) 分譲マンション）
　　　　　　　an apartment (house)（mansion＝大邸宅）
ローカル　　　country, provisional, rural（local＝一地域の）
(5) 日本人が合成した和製英語（そのまま英語に直しても意味をなさない）
ケース・バイ・ケース　　item by item, separately
コンセント　　　　　　　家庭では a wall socket，専門家は an outlet という
サインペン　　　　　　　a felt pen, a felt-tip pen
ホッチキス　　　　　　　a stapler
マイナスイメージ　　　　negative (bad) image

8.4.3　オランダ語・ドイツ語・フランス語からきたカタカナ語
(1) オランダ語からきたカタカナ語

日本語	元の単語	正しい英語
ピンセット	pincet	a pair of tweezers, a pair of forceps
スポイト	spuit	a dropper, a filler
メス	mes	a scalpel

(2) ドイツ語からきたカタカナ語

ビールス/ウイルス	Virus	a virus（ヴァイラスと発音）
ワクチン	Vakzin	vaccine（ヴァクスィン）
ルーペ	Lupe	a magnifying glass, a jewler's lens
ナトリウム	Natrium	sodium
カリウム	Kalium	potassium
シャーレ	Schale	a petri dish, a laboratory dish
ボンベ	Bombe（爆弾）	a cylinder
エネルギッシュ	energisch	energetic

(3) フランス語からきたカタカナ語
　　デッサン　　　dessin　　　a sketch, a drawing

ビス　　　　　vis　　　　　a screw
アンケート　　enquête　　 a questionnaire, a survey

8.4.4 注意すべきカタカナ語（和製英語）の正しい使い方
よく間違われるカタカナ語の正しい英語表現を例文とともに示す．

アンケート ➡ survey/poll, questionnaire
- アンケート（enquête）はフランス語で，英語では survey あるいは poll を使う．
- survey は，一般的には多くの質問事項があり，そこから情報を集める調査に用いられる．poll は，例えば「現首相はよい仕事をしていると思いますか」というように，意見や評判を調べたいときに用いられる．
- 質問事項が箇条書きにされたアンケート用紙が questionnaire．これにはアンケートの意味もある．
  - × Why don't we do an *ankeeto*? ➡ Why don't we do a survey?
  - ○ The results of the CS (customer satisfaction) survey were good.

クレーム ➡ complaint
「当然の権利としての要求・主張」の意味の claim が，カタカナ語では誤解されて，「不平」「文句」という意味に使われてしまったもの．正しくは complaint．
  - ○ There have been a lot of complaints from buyers saying that this vacuum cleaner is noisy.
  （この掃除機は音がうるさいと，購入者からクレームが多くあった）

テーマ ➡ topic/agenda
- 「テーマ」は theme をラテン語風に発音したもの．英語ではスィームで，seem と同じイーという音で，頭は th の発音になる．ただ，theme と言うと学術的な感じになりすぎたり，逆に幼稚に聞こえたりする場合もある．
- ビジネスの会議の場なら topic, point, agenda などの単語の方がふさわしい．
  - × My *teema* today is .... ➡ My topic today is ....
  - × The *teema* for today's meeting is .... ➡ The agenda for today's meeting is ....

ノートパソコン ➡ laptop computer, notebook computer
「ノートパソコン」は通じない和製英語．laptop computer または notebook computer とする．
  - ○ Each employee was given a laptop computer.
  （ノートパソコンを会社から支給された）

ホームページ ➡ website
website を構成するのが webpage で，その最初にある案内のページを homepage と言う．HP という略語も通じないので注意．
  - ○ Please visit our website. （わが社のホームページをどうぞご覧ください）

マジックテープ ➡ Velcro (fastener)
日本で一般的に「マジックテープ」とよばれているものは英語では 開発した会社の名前を取って "Velcro" という．一般的な呼称としては，hook-and-loop fas-

tener や fabric fastener があるがあまり使われない．
マンション ➡ condominium/apartment
- 英語の mansion は，富豪や有名人の住む豪邸を意味するので，いわゆる日本のマンションのことを mansion というと非常に落差がある．分譲で購入したマンションなどは condominium (condo)，賃貸マンション・アパートは apartment．
  × I live in a mansion. ➡ I live in an apartment/a condo.
  ○ I own a condominium in Florida.

8.5 スペリングに注意せよ

英語では母音と子音，子音と子音の組み合わせで発音が決まる．すなわち発音によってスペリングが決定され，スペリングと発音の間に一定の法則がある．

Rule 1: 語尾が **-y** で終わる単語の語形変化
 子音字＋y ➡ y を i に置き換えてから変化させる
  reply の過去形：× replyed ➡ replied
  company の複数形：× companys ➡ companies
  複写機：× copyer ➡ copier
  これらは発音が似ているためにおかす誤りである．
 母音字＋y ➡ そのまま接尾辞を付ける
  destroy ➡ destroyed, boy ➡ boys

Rule 2:「イー」と発音する連字（**Usually i before e, except after c**）**c** の文字の後にくるときは **ei**, 他は **ie**
- receive（受け取る）はミススペリング界の大スター × recieve ➡ receive
- 他の例：ceiling（天井），conceive（考え出す），deceive（だます），achieve（なしとげる），believe（信じる）
- "ie" の例：niece, brief, believe, achieve, yield, field

Rule 3: **b, m, p** の前では発音上 **m** になる（**m before b, m, p**）
- 「重要な」：× inportant ➡ important
  combine（結合する），commerce（商業），compare（比較する）
- 「コロムビア・レコード」は Columbia の正しい表記
- 例外：inborn（生まれつきの）合成語で前にアクセントがある．

Rule 4: 語尾に発音されない **e** が付いている形容詞の副詞化（**-ly**）
- **e** の前が子音字のときは，そのまま **-ly** を付ける
  sincere + ly = sincerely
- **e** の前が母音字なら **e** を取り除いて **-ly** を付ける
  true - e + ly = truly, due - e + ly = duly

Rule 5: 語尾が **o** になるものの複数形 ➡ **es** を付ける
 例：potato ➡ potatoes, tomato ➡ tomatoes, hero ➡ heroes
- radio の複数形：× radioes ➡ radios

理由：短縮語の場合は語尾がoでも複数形にするときはsだけを付ければよい．例：radios（← radio（telegraphy）），photos（← photo（graphy））

Rule 6：母音＋子音＋母音の配列で発音とつづりが決まる

最初の母音にアクセントがあるとき，その母音は長母音または二重母音に変わる．

- 動詞の過去形，現在分詞形のスペリングでは **planned, planning** のように最後の子音を二つ重ねる場合がある．これは元の発音を保持するためである．

    plan ➡ pla**nn**ed（× pla**n**ed（プレインド）と発音が変わってしまう）
    occur ➡ occu**rr**ed（× occu**r**ed はオキュアドとなってしまう）
    run ➡ ru**nn**ing（× ru**n**ing はルーニングとなってしまう）
    swim ➡ swi**mm**ing（× swi**m**ing はスワイミングとなってしまう）
    quiz ➡ qui**zz**es（× qui**z**es はクワイジズとなる）

- 日本人の名前は，子音＋母音がひとかたまりになっているので，母音＋子音＋母音の配列となり，正しく発音されないことが多いので，注意が必要である．
「佐藤氏」は "Mr. Sato（セイトウ）"（二重母音の［ei］）

8.6 前置詞の使い方

前置詞は日本語の助詞と役割が似ており，主として語の連結（collocation）に用いられる．前置詞に関する誤用の多くは，それぞれに対応する日本語の助詞や他の品詞に引っ張られることにより起こる．例えば日本語で「〜の」を安易に of とすると間違うことが多い．of 以外の前置詞で「〜の」を表した例を下記する．

両者の違い	the difference **between** the two
原料の注文	an order **for** the raw materials
新世紀の展望	a vision **for** the coming century
上司の指示	instructions **from** one's boss
英語の試験	a test **in** English
生産の減少	a decrease **in** production
色の相違	difference **in** color
天井の蛍光灯	fluorescent lights **on** the ceiling
化学の講義	a lecture **on** chemistry
数学の本	a book **on** mathematics
社長の後任	a successor **to** the President
半袖のシャツ	a shirt **with** half sleeves
白髪の老人	an old man **with** gray hair

これらの例からもわかるように，前置詞のニュアンスはなかなかつかめない．したがって日本語からの類推はやめて，常に辞書や具体的な用例に従う必要がある．前置詞では慣用が大切で，後に続く名詞よりも前にある名詞，動詞，形容詞などによって適切な前置詞が決まることが多い．

8.6.1 前置詞の核心イメージ
まず，各々の前置詞の核心イメージを述べる．
- about は「周辺」
- above は「上方（上の方に）」
- across は「端から端まで」
- after は「その時点を含まない後，追従（〜の後を追って）」
- against は「反対」
- among は「複数（3者以上）事象の間」
- at は「場所や時の一点」
- below は「下方（下の方に）」
- before は「その時点を含まない前」
- behind は「後ろ」
- between は「個々の事象の間」
- beyond は「超越（〜を超えて）」
- by は「手段（〜により），動作主（〜により），期限（〜までに）」
- during は「期間中（ずっと，または一部）」
- for は「到達点を含まない方向（〜に向かって），動作が継続する時間」
- from は「起点（〜から）」
- in は「包囲（広い場所や立体の中，幅広い時間，行為に要する時間）」
- into は「外から中に向かう」
- of は「分離（〜から離れて），所属や所有，広範囲にわたる関係」
- on は「接触している状態」
- out of は「中から外に向かう」
- over は「上を覆う」
- to は「到達点を含む方向（〜へ向かう）」
- through は「通過・貫通して（〜を通って）」
- toward は「到達の直前までの方向」
- with は「所有（〜をもって／一緒に），道具・材料（〜を使って）」
- under は「下」
- until は「継続や反復の終了時点」

8.6.2 前置詞学習は「習うより慣れよ」で
(1) 辞書を引いて確認する

前置詞と動詞，前置詞と名詞の組み合わせ（コロケーション）については下記の辞書をよく読み，前置詞の感触をつかむことが必要である．
- 学習英和辞典（前置詞の例文が多い）
  「スーパー・アンカー英和辞典」（第5版）（学習研究社，2015）
  「ライトハウス英和辞典」（第6版）（研究社，2012）
  「コアレックス英和辞典」（第2版）（旺文社，2011）

- 英和中辞典
  「ジーニアス英和辞典」（第5版）（大修館，2014）
  「プログレッシブ英和中辞典」（第5版）（小学館，2012）
  「ウィズダム英和辞典」（第3版）（三省堂，2012）
  「ロングマン英和辞典」（初版）（桐原書店，2007）
- 市川繁治郎編集，「新編英和活用大辞典」（研究社，1995）
- 斎藤秀三郎著，豊田實増補，「熟語本位英和中辞典」（岩波書店，1993）
- Oxford Advanced Learner's Dictionary (9th ed.)「オックスフォード現代英英辞典」(Oxford Univ. Press, 旺文社, 2015)

(2) 技術論文に特有な前置詞については「英語活用メモ」を作る

英語を母国語とする科学者が書いたよい論文をじっくり読み，論文執筆に必要となる句や文を選び「英語活用メモ」を作成する．

- The data are accurate **to** ±20 percent.
- The peak amplitudes of successive pulses may vary **by** as much as 15 percent about the mean value.

8.6.3 論文でよく使われる前置詞の慣用的用法

科学・技術論文でよく使われる前置詞の慣用的表現は覚えておくこと．

　　ある程度：× with some extent ➡ **to some extent**
　　広い範囲にわたって：× in a wide range ➡ **over a wide range**
　　〜に関して：× on regard with ... ➡ **in regard to ..., with regard to ...**
　　〜の理由：× the reason of ... ➡ **the reason for ...**
　　〜を用いて：× with the use of ... ➡ **by (the) use of ..., by using ...**
　　の目的で：× in the purpose of ... ➡ **for the purpose of ...,**
　　〜に比例して：× with proportion of ... ➡ **in proportion of ...**
　　〜の条件で：× in ... condition ➡ **under ... condition**

これ以外に，科学・技術論文でよく使われる前置句には次のものがある．

- as for 〜 ; as to 〜「〜については，〜に関しては」
  As for the style, it is excellent.（as for は文頭で用いる）
  He said nothing as to hours.（as to は文頭および文中で用いる）
- because of 〜, on account of 〜, owing to 〜「〜のために」（原因・理由を表す）
  On account of the intense heat, she had to keep indoors.
- instead of 〜「〜の代わりに」
  He took part in the game instead of his classmate.
- in spite of 〜「〜にもかかわらず」
  The ship set sail in spite of the stormy weather.
- in addition to 〜「〜に加えて」
- in comparison with 〜「〜と比較して」

8.6.4 科学・技術論文での前置詞の使用例

ある単語は決まった前置詞をとる．理屈ではなく，慣用でそうなる．以下によく使われる前置詞を使った句（phrases）の例を示す．

(1) 名詞＋前置詞

a function of x and y.「x と y の関数」

data on temperature「温度のデータ」

on には「〜に関する」という意味合いがある．

discussion about this problem「この問題についての議論」

厳密で，ややあらたまった感じをもって「この問題に関する論文」と表現したい場合には discussion on this problem とする．

decrease (increase) in the amplitude「振幅の減少（増加）」

experiments on neutron scattering「中性子散乱の実験」

method for determination of sodium「ナトリウム同定の方法」

(2) 動詞＋前置詞

agree with, agree to:

agree with (a person)（人に同意する，意見が同じである）

The director **agreed with** the commanding officer.

Our experimental results **agreed with** the theory.

agree to (a thing)（提案・要求などに同意する）

The chief scientist **agreed to** the outlined plan.

× Calculated and experimental values **agree to** each other.

➡ Calculated and experimental values **agree with** each other.

apply for（応募する，申し込む）

I **applied for** the fellowship of that university.

apply to（当てはまる，成り立つ）

This rule **applies to** all the specimens tested.

compare to, compare with

compare to（一般的な，また比喩的な類似を示す）

Love is **compared to** a real rose, in a famous poem.

compare with（特定なものの類似または相違の比較を示す）

The effectiveness of generator X is **compared with** that of generator Y.

consist in (a thing)〔exist in something〕（ことが本来（物・事）にある）

consist of (a thing)〔be composed of〕（（部分・要素・材料）などから成る）

Coke mainly **consists of** carbon.「コークスはおもに炭素から成る」

correspond to（対応する，相当する）

correspond with（一致する，文通する）

depend on（依存する）

Function $f(x)$ **depends on** x but **is independent of** y.

differ from A (in B)（（人・物・事が）A（人・物・事など）と B（性質など）

において異なる，相違する）
differ with（a person in opinion）（人と意見を異にする）
look at（を見る）
look for（探す）
look into（覗き込む，研究する）
prepare against（(災害などに) 備える）
prepare for（準備する，覚悟する）
succeed in（a thing/ doing）（成功する，うまく～する）
succeed to（a person）（(地位などを) 継承する）
take on（帯びる，積み込む）
take up（取り上げる）
turn over（ひっくり返す）
turn down（折り返す，申し出などを断る）

(3) 形容詞＋前置詞

characteristic of（特徴をもっている）
　　This phenomenon is **characteristic of** transition metals.
concerned with（に関している）
　　This chapter is **concerned with** diffusion in solids.
consistent with（首尾一貫している）
dependent on（に依存する）
different from（＝ not the same）：
　　× This control device is **different than** that one.
　　➡ This control device is **different from** that one.
　　× Our results are **different in** those of Anderson and Jones.
　　➡ Our results are **different from** those of Anderson and Jones.
equal to（に等しい）
familiar to（a person）（人によく知られている，見覚えのある）
　　Her name is **familiar to** us.
familiar with（a thing）（(物・事) を熟知している，精通している）
　　We were not **familiar with** that technique.
grateful to（a person）for（a thing）（人に物のことで感謝する, ありがたく思う）
identical with（a thing）（同じ，等しい，一致する）
　　× The emission capability of this unit was **identical to** that of the other.
　　➡ The emission capability of this unit was **identical with** that of the other.
incident on（に入射する）
independent of（独立した，影響を受けない）
　　× The vertical circuit operates **independently from** the horizontal one.
　　➡ The vertical circuit operates **independently of** the horizontal one.
inferior to（a thing）（劣っている）

normal to（a thing）（に垂直である）
parallel to/with（に平行である）
responsible for（a thing / for doing）（（事 / したことに）責任がある）
rich in（に富む）
　The surface layer is **rich in** aluminum.
same as（と同じ）
similar to（a thing）（同様の，類似した，よく似た）
typical of（a person or thing）（特有の，独特の）
worthy of（a thing）（〜に値する，相応しい）

(4) 前置詞＋名詞

at the speed of 1000 rpm「毎分 1000 回のスピードで」
in the *x*-direction「x の方向に」
on the right-hand side of Eq.(1)「式（1）の右辺の項」
on the right, on the right side「右辺の」
to the accuracy of 0.1「0.1 の精度で」
to the second approximation「第 2 近似まで」

8.6.5　科学・技術論文での前置詞の誤用例と修正例

　前置詞については自己流の使い方をやめ，常に辞書や具体的な用例に従うことを心掛けていると，そのうち感触がわかってくる．前置詞では慣用が大切で，後に続く名詞よりもむしろ前にある名詞，動詞，形容詞などによって適当な前置詞が決まることが多い．

(1) **at** の適切な使い方
　　× **in** the intermediate temperature ➡ **at** intermediate temperatures
　　× **with** regular intervals ➡ **at** regular intervals
　　× **with** the speed of ➡ **at** the speed of
　　× irradiating light **with a wavelength** of 400-600 nm
　　　➡ light irradiation **at wavelengths** of 400-600 nm
　　× **in** the pressure range below 1 Pa and above 4 Pa
　　　➡ **at** pressures below 1 Pa and above 4 Pa

(2) **by** の適切な使い方
　　× The system sends out alarm messages **with operation procedures**.
　　　➡ The system sends out alarm messages **accompanied by operation procedures**.
　　× These indices are categorized **into three factors**, impurity, safety, and efficiency.
　　　➡ These indices are categorized **by the three factors**, impurity, safety, and efficiency.
　　× We can estimate the burning conditions **through the flame length**.

→ We can estimate the burning conditions **by the flame length**.
(3) **for** の適切な使い方
× The **reason of** this is unknown. → The **reason for** this is unknown.
× A new **method of** determination of manganese in steel
→ A new **method for** determination of manganese in steel
× **In detail**, see Section 2. → **For details**, see Section 2.
× The Seebeck coefficient S is calculated **in** an impurity scattering potential.
→ The Seebeck coefficient S is calculated **for** an impurity scattering potential.
× The curve B represents **results of** the MgO specimen.
→ The curve B represents **results for** the MgO specimen.
(4) **from** の適切な使い方
× Here, the parameter η was calculated **by** the mean of all observed values.
→ Here, the parameter η was calculated **from** the mean of all observed values.
(5) **in** の適切な使い方
× **at** high temperature regions → **in** high temperature regions
× The arrow points **to the direction** → The arrow points **in the direction**
× a rapid **increase of** the amplitude → a rapid **increase in** the amplitude
× A 20% **decrease of** tensile strength was observed at room temperature.
→ A 20% **decrease in** tensile strength was observed at room temperature.
× Using this model, future **change of** the steam temperature is predicted.
→ Using this model, future **change in** the steam temperature is predicated.
× Special efforts were made **on** developing the signal processing firmware.
→ Special efforts were made **in** developing the signal processing firmware.
(6) **on** の適切な使い方
× **an experiment of** neutron scattering
→ **an experiment on** neutron scattering
× **Data for** the p-p scattering → **Data on** the p-p scattering
× **Studies of** nuclear magnetic resonance
→ **Studies on** nuclear magnetic resonance
× The exhaust gas mixing apparatus is shown **at** the lower right of Fig. 1.
→ The exhaust gas mixing apparatus is shown **on** the lower right of Fig. 1.
× **From** the results we have concluded that ....
→ **On the basis of** the results, we have concluded that ....
× The results for A_1=0.0 and A_2=1.0 coincide **in** the scale of Fig. 2.
→ The results for A_1=0.0 and A_2=1.0 coincide **on** the scale of Fig. 2.
(7) **over** の適切な使い方
× **in** the whole temperature region → **over** the whole temperature range
× The data varied **in** a wide range. → The data varied **over** a wide range.

(8) **to** の適切な使い方
　　× The method has been **applied for** the determination of surface coverage.
　　➡ The method has been **applied to** the determination of surface coverage.
　　× **restricted in** the n-type semiconductors
　　➡ **restricted to** the n-type semiconductors
(9) **with** の適切な使い方
　　× The (100) surface energy was estimated to be 235 erg・cm^{-2} **under these assumptions**.
　　➡ The (100) surface energy was estimated to be 235 erg・cm^{-2} **with (on or on the basis of) these assumptions**.
　　× Irradiation **by** UV light ➡ Irradiation **with** UV light
　　× in agreement **to** Smith ➡ in agreement **with** Smith

8.6.6　動作主・手段・方法・媒介の前置詞（**by** と **with**）の使い方

「～によって」「～を用いて」「～で」などの日本語に対して，いつも by を使うと間違いを起こす．原則は「**受動態の動作主は by，道具は with**」である．
(1) **by** は受身の動詞の後に用いて，その行動をした人を示す
　　X-rays were discovered **by Roentgen**.
　　This technical paper was written **by Dr. Smith**.
(2) 測定技術など機能的な働き・作用などの性質をもつものにも **by** を用いる
　　The surface was observed **by scanning electron microscopy**. （顕微鏡技術）
　　The tube was corroded **by the liquid**.
(3) 道具やそれに準ずるもの，測定装置などは，**by** ではなく **with** を用いる
　　× The surface was observed **by a microscope**.
　　➡ The surface was observed **with a microscope**.
　　× Microprecipitates were observed **by an electron microscope**.
　　➡ Microprecipitates were observed **with an electron microscope**.
　　× The technical paper was written **by a pencil**.
　　➡ The technical paper was written **with a pencil**.
(4) 次の場合の「～で」は **by** も **with** も使えないので，別の前置詞を使う
　　「長時間の**加熱**でその色が変化した」
　　× by long heating ➡ **on long heating**
　　「通常の**条件**で運転されている」
　　× by ordinary conditions ➡ **under ordinary conditions**
(5) 「ワープロで書かれた」はどう書くか？
　　× written **by** a word processor
　　△ written **with** a word processor　（ワープロは筆記用具以上の機能をもつ）
　　○ written **on a word processor**

8.6.7 Computer と the Internet の前置詞

(1) **computer** に付く前置詞と前置詞句

The data was processed **by computer**. (データはコンピュータで処理された)
手段としてのコンピュータが抽象化されているので, 冠詞が付かない.

We did the graphic design work **with a computer**.
(そのグラフィックデザインをコンピュータでやった)

We finished the project **by means of a computer**.
(コンピュータによってその計画を完成した)

We finished on time **with the help of [by using] a computer**.
(コンピュータの助けで [を使用して] 時間どおりに仕上げた)

I typed this paper **on a computer**. (この論文をコンピュータでタイプした)

I have a word-processing program **on my computer**.
(私はコンピュータにワープロを入れている)

(2) **the Internet/the Net/the Web** に付く前置詞

We do business **on the Internet**. (インターネットで商売をする)

He made money **on the Net [Web]**. (彼はインターネットでもうけた)

We do video conferencing **over the Internet [Web]**.
(インターネットでビデオ (テレビ) 会議をする)

We communicate **via the Internet**. (インターネットによって伝達する)

Business can be increased **through the Internet**.
(インターネットで取引を増やせる)

We downloaded all this information **from the Internet**.
(この情報はすべてインターネットからダウンロードした)

Connect your PC **to the Net**. (パソコンをネットに接続しなさい)

8.6.8 前置詞がわからないときの対策：名詞の形容詞化 (複合名詞語句)

(1) 名詞の形容詞化 (複合名詞語句) の方法と特長

"control of the substrate temperature" を書き換えて "substrate temperature control" のように名詞が名詞を修飾する形にしたものを「名詞の形容詞化 (複合名詞語句)」とよぶ. これはどんな前置詞を用いたらよいか, 冠詞を入れるべきかどうかがわからないときに, 不要な前置詞を省き短い文を作ることになるので, 英文作成上有効である.

　　ビールのメーカー：the maker **of** beer ➡ the beer maker
　　価格の引き下げ：a reduction **in** price ➡ a price reduction
　　化学の実験：an experiment **in** chemistry ➡ a chemistry experiment
　　将来の計画：plans **for** the future ➡ future plans

ただし, あまり長いものは新聞の見出しのような印象を与えるので好ましくない.

・三つ以上の名詞を結合させて複合名詞語句を作らないようにする.
　　○ substrate temperature

△ substrate temperature control （substrate-temperature control とするとベター）
× substrate temperature control device
これを substrate-temperature-control device としても，名詞を形容詞化した句としては重すぎて理解しにくくなるので，一般には避ける方がよい．
→ The device for controlling the substrate temperature とする．

(2) 複合名詞語句についての注意
 ・形容詞句を作るために複合された語句の間はハイフンで結ぶ
   state-of-the-art technology
   long-range, high-power radar
ハイフンは読み手の混乱を避けるために複合修飾語の中で使われる．"many-body probem（多体問題）"がハイフンなしのときに，読み手に"body problem"という語句を"many"が修飾すると思われる可能性があるが，ハイフンを付ければ"a problem of many bodies"という意味だとわかる．
複合名詞語句を作るとき，修飾する名詞は単数形で書くのが英語の慣用である．
   two-day meeting（2日間の会議）
   eight-page paper（8ページの論文）
   three-photon absorption（3光子吸収）
この例外には，次のものがある．
   最小二乗法：least-squares method
   材料科学：materials science, materials research
   オペレーションズ・リサーチ：operations research
ただし，名詞の前でハイフンが付けられた複合修飾語は，名詞の後にくるときにはハイフンが付かない．
   We are using up-to-date equipment. → Our equipment is up to date.
   Time-of-flight information will determine the program.
     → Information was delayed regarding the time of flight.

 ・固有名詞と名詞を組み合わせた複合名詞
固有名詞と名詞を組み合せる場合，a Geiger counter のように複合名詞にする場合と，Ohm's law のように固有名詞の所有格を使う場合がある．この使い分けの原則を下に述べる．
 (i) 単独の発見者に関係するときには所有格を用いる．
   Avogadro's hypothesis, Fourier's theorem
 (ii) 単独の発明者と関係のある場合には複合名詞を用いる．
   a Weissenberg goniometer, a Bourdon gauge
 (iii) 方法・技術・反応に関する場合は，(i)，(ii)のどちらも使われるので，個々の慣例に従う．
   Franck's method, the Liebig method
 (iv) 二人あるいはそれ以上の人が関係している場合は，発明であっても，発見で

あっても，複合名詞を用いる．
the Stefan-Boltzmann law, a Bayard-Alpert ionization gauge

8.7 よく使われる略語

ラテン語による略語を使うと語数を減らし，文を簡潔にできるので，英語論文ではよく用いられる．以下に代表的な略語の使い方を示す．特に，よく使われるのは "etc."，"*et al.*"，"i.e."，"e.g." である．

(1) **etc.**

当てはまる項目すべてを書ききれないとき，リストを途中で終らせるために使う．この場合一つの項目だけを書いて "etc." をすぐ付けてはならない．それでは著者が何を共通点として例を挙げているのかが正しく読者に伝わらない．著者の提案がすぐわかるだけの複数の例を並べ，その最後にコンマを付けてから "etc." を書く．

"etc." は "and so forth" の意味で，すでに and を含んでいるから，and etc. は間違い．"etc." が文の最後になる場合には文末のピリオドは書かなくてよい．

「金や白金など」を英語でいう場合には
　　× gold, platinum, etc. ではなくて gold, platinum and other noble metals として，項目の含まれる大枠を明示することが必要である．

日本語でよく使われる「〜等」は英語に訳さない方がよい．もしも訳すときは，for example, such as を使うこと．日本語の癖でやたらと etc. を付けないこと．
　　× I am studying English, math, history, etc.
　　→ Among other subjects, I am studying English, math, and history.

(2) ***et al.***

"*et al.*" は "and others" の意味をもち，論文の著者やある研究室の研究グループを紹介するときに用いる．"Smith *et al.*" のように一人だけの名前を書いて "*et al.*" を付ける場合には，項目は二つだけになるので，名前と "*et al.*" の間にコンマは不要である．

しかし，"Smith, Jones, *et al.*" のように二人以上の名前を並べた場合はコンマが必要である．

(3) **i.e., e.g.**

"i.e." と "e.g." は類似点が多い．"i.e." は "that is (すなわち)"，"e.g." は "for example (例えば)" を意味する．両者ともさらなる情報 (新たな表現や例) を付け加えるときに使う．これらを音読するときには，"i.e." は "that is" と読むのが普通であり (「アイ・イー」と読んでもよい)，"e.g." は "for example" と読む．

(4) その他のラテン語を用いた**略語**：
- *a priori* — deducible independently of observation (演繹的に)

  There is no *a priori* reason for stipulating that this relationship is linear.
- *ca.* — about (およそ，約)

  The residue was dissolved in *ca.* 30 ml of 10% ether in benzene.

- cf. — compare (参照)
  Cf. for example R.A. Friedel, "Ultraviolet Spectra of Aromatic Compounds," Wiley, New York, N.Y., 1926.
- *ibid.* — in the same place (同じ箇所に，同書（誌）に)
  J.E. Prue and J.F. Coetzee, *J. Amer. Chem. Soc.* **87**, 252 (1965); L.M. Smith, *ibid.* **91**, 506 (1969).
- *in vacuo* — in vacuum (真空中)
  The powder was dried at 100°C *in vacuo*.
- *in vitro* — in the test tube (試験管内で)
  It has become feasible to investigate the mechanism of enzyme action *in vitro*.
- *in vivo* — in the living organism (生体内の)
  The experiments reported were designed to study the turnover of each individual plasma cholesterol ester *in vivo*.
- *via* — by way of, passing through (を経て，を通って)
  Dissociation may occur but at a much lower rate *via* a tunneling process to molecular products.
- viz. — namely (すなわち，言い換えると)
  KEK, viz., National Laboratory for High Energy Physics
  KEK, viz., Japan's most prestigious institution for research in high energy physics
- vs. — against (〜に対して) (ラテン語, *versus*)
  スポーツの対戦などで用いる言葉で，新聞の表題などで "Mariners vs. Yankees baseball game" と書かれる．科学・技術英語では，図表中の説明にコンパクトに使うのはよいが，本文中での書き方は以下のようにすること．
  × This figure shows a characteristic curve of the wavelength vs. pressure.
  ➡ This figure shows a characteristic curve of the wavelength against pressure.
  ときちんと書くこと．読むときは versus とラテン語のまま読む．

9 注意すべき単語・熟語

英語論文を書くときに特に注意すべき単語と熟語を，アルファベット順に説明を含めて述べる．

about vs. approximately
- approximately は calculation（計算），accuracy（精密さ）に関係して「おおよそ」「ほぼ」という副詞である．
- about はこれらに関係なく「約」という副詞である．

　　We shall eat about noon.
　　　（われわれは正午ころ食事するだろう）
　　The water content is approximately 25 percent by volume.
　　　（水の含有量は容積でほぼ 25 パーセントである）
　　The laboratory employs about 500 persons.
　　　（研究所は約 500 人を雇用する）

according to
　人や文献などに従うときに使うが，引用する著者が出典を必ずしも全面的に信用していない場合にもよく使われるので，注意が必要である．例えば著者が自分の論文の中で
　　According to Fig. 3, the sensitivity of this instrument is unlikely to vary much with temperature.
と書くと，他人のデータを元にしているような印象を与える．したがって，
　　Figure 3 indicates that ....
のように積極的に書くこと．また，
　　According to Einstein, mass can be transformed into energy.
と書くと，筆者は「必ずしもアインシュタインを信用しているわけではないが」というニュアンスが加わってくるので，それを避けるためには
　　Einstein's theory of relativity states that mass can be transformed into energy.
のようにすればよい．

almost vs. most
- almost は副詞で，「ほとんど」「大方」「もう少しで」という意味．副詞以外の意味はもっていない．
- most は副詞としては「最も」，形容詞としては「最も多い」「たいていの」，名詞としては「最大値」「最高額」という意味．

　　I was almost killed.（副詞）（もう少しで殺されるところでした）
　　He is almost 80 years old.（副詞）（彼はほとんど 80 歳だ）

She is most beautiful.（副詞）（彼女が最も美しい）
Most people think so.（形容詞）（たいていの人はそう思う）

同じように言うつもりで almost of people や almost people というふうに，most と almost を混同して間違って使わないこと．

正しくは almost all the people（ほとんどすべての人たち）とか most people という．日本語では「ほとんどの学生」とも言うが，英語では次に all が必要．

He has the most ability.（形容詞）（彼が最高の能力をもっている）
This is the most I can do.（名詞）（これが，私のできる限度です）

almost vs. almost all
「ほとんどの」を表すとき，日本人が最も誤りやすいものである．
- almost は程度を表し，動詞を修飾する．
    When the substrate has almost reached the required temperature, ...
    When the reaction has almost finished, ...
- almost all は量や数を表し，名詞（句）の前に置く．
    Almost all the workers in this field agree with the conclusion.
    Almost all the oxygen was absorbed.
- almost は副詞なので，名詞を従えるときはいつも「almost all the ＋ 複数名詞」か「almost all of the ＋ 複数名詞」で使う．
    × **Almost the answers** were wrong.
    ➡ **Almost all the answers** were wrong. または **Almost all of the answers** were wrong.
    × **Almost stores** are closed today.
    ➡ **Almost all the stores** are closed today.
    ➡ **Nearly all the stores** are closed today.
    ➡ **Most of the stores** are closed today.

based on
形容詞句なので名詞を修飾する．文全体を修飾するような書き方は不可．
  × Based on the Landau theory, the magnetic susceptibility is investigated.
  ➡ On the basis of the Landau theory, the magnetic susceptibility is investigated.
  ○ We give a treatment based on the Landau theory.

because vs. since ＜新情報の because, 旧情報の since ＞
- because: 相手が知らない理由を強調するとき使うので，一般的に
    …（結論）… because …（理由を述べる副文章）….
    と先に結論を下してから後で理由を述べるときに多く用いる．
    She did it because she was angry.
    （彼女がそんなことをしたのは，（なんと）怒っていたからだよ）
- since: 自明な理由を述べるときに使うので，一般的に
    Since …（理由を述べる副文章）…, …（結論）….

と先に理由を述べるときに多く用いる．
    Since we are friends, let's speak frankly.
    ((当然のことだけれど) オレたちは友だちなのだから，腹を割って話そうよ)

by vs. till or until ＜違いは点と線＞

- by は，「あるときまでには何々がされる」というアクションを表す一点が「いつまでに」に行われたのかという最終期限を意味する．before と同じ意味．
- till or until は，「この映画は今週の金曜までやっている」というように，継続的な時間の流れを表す．till or until の後にくる単語がその継続の最終点を示す．
- 契約期間や文書の有効期限を延期するときは線の延長なので till or until を使う．一方，あるときまでに訪問するなどの場合は最終期限のある一点を表しているので，by や before を使う．
「5時までにここに来ます」I will be here by 5 o'clock.
「5時までここにいます」 I will be here till 5 o'clock.
「4月30日までにそれを終了せよ」
    × Finish it **until April 30**. until は「継続」を表すので間違い．
    ➡ Finish it **by April 30**. by は「完了」を表すので正しい表現．
- by や until は当日を含むか含まないか明示していない．一般の英米人の解釈では，当日を含まないとしている．そこで "Sorry. Closed until Monday." という掲示は，日曜日の終わりまで店を閉じ月曜日には開くという意味である (すなわち，月曜日の始まりの0時まで閉めているという意味である)．
    そこで「4月30日を含んでその日までに」を明確に示すには，by April 30 inclusive, not (no) later than April 30 とし，「4月30日当日を含み，その日まで継続している」を表すには，until April 30 inclusive, up to and including April 30 とする．

but vs. however

- but は対比を鋭く表現したいときに使い，but の後にくる表現が，意味の上で強調される．
    Among constituents of ordinary matter, nuclei are heavy and indeed carry most of the mass, but electrons are light and yet play a far more important role in determining the structure and properties of matter.
    (ふつうの物質を構成する要素の中で，原子核は重く，実施，質量の大部分を占めているが，電子は軽いにもかかわらず，物資の構造と特性を決定するのにはるかに大きな役割を果たしている)
- however は，「しかしながら」という意味の副詞であり，however の後に続く語，文節，文は，何らかの補足を意味する．
    Both Yukawa and Tomonaga were among the best of Japanese theoretical physicists; however, they were entirely different in style of work and in personality.
    (湯川も朝永も日本の理論物理学者の中で最も優れた人であった．しかしなが

ら，この二人は，仕事の仕方も性格もまったく違っていた）
- 副詞の however を使うときには，その however の前にある言葉に意味上の強意がある．

    Atomic energy levels are largely governed by Coulomb interactions among a central nucleus and electrons. However, the influence of other kinds of interactions such as spin-orbit coupling is also often appreciable.
    （原子エネルギーのレベルは，中央にある原子核と電子間のクーロン相互作用により，主に支配される．しかしながら，別の相互作用，例えば，スピン-軌道結合の影響もかなり認められる）

case

technical slang とよべるほど，「事件」「事情」「場合」といった意味で科学・技術論文ではよく使われる．case study（事例研究）のように case を使うと専門用語らしく聞こえるからであろう．しかし，必要のない case が多く，ほとんどの場合より正確な言葉に直した方が，わかりやすい英文になる．
  × in this case ➡ here
  × in most cases ➡ usually （実際の頻度を示した方がよりよい）
  × in all cases ➡ always
  × In many cases, our agents are well financed.
    ➡ Many of our agents are well financed.
  × It has rarely been the case that any breach of the agreement has been made.
    ➡ Both of us have made few breaches.

challenge ≠「チャレンジする」

- 英語の challenge という動詞はほとんどの場合，「試合や決闘を申し込む，挑む」という意味で使われ，挑む対象には「人」がくる．「テスト」等の「もの」には使わず，「何かを達成するために頑張る」という意味はない．
  ○ I challenged him to a tennis match.
- 日本語の「チャレンジする」は英語では「やってみる」の try に近い意味である．
  × I challenge to learn computer programming.
    ➡ I'm trying to learn computer programming.
  × I challenged the entrance examination of the University of Tokyo.
    ➡ I tried to pass the entrance examination of the University of Tokyo.
- 皮肉にも日本語に取り入れられなかったのは名詞の challenge の意味である．やりがいのある課題，難問という意味で科学・技術英語ではよく使われる．

    It is a real challenge to get a job at that firm.「あの会社に就職するのは難しい」
    My biggest challenge is to learn to speak Italian before I am transferred there next year.
    「来年転勤するまでにイタリア語を話せるようになることが私の最大の課題だ」

could
　頻繁に間違って使われている．過去に実行した行為について，日本語では「～できた」というが，英語では could は使えない．"could" は「何かをする能力が備わっていた」というだけの意味でしかなく，そのことを実行したのではない．
　　I could read two hundred pages per hour when I was young.
というと，実際には1時間に200ページ読んだかどうかを言っているのではない．それだけの能力があったと言っているだけである．日本語で「～できた」と言うところでも「能力があって，した」ことを言うには，was able to read, managed to read, succeeded in reading などを用いることができる．しかし，「～できた」は I read two hundred pages. のように動詞の過去形ですますことが多い．
　　× I could pass the exam.（受かろうと思えば受かるのに）
　　　→ I was able to pass the exam. I passed the exam.
　　　（「6.6 英英辞典を使おう」参照）

data
　datum の複数形なので "s" を付けることはできない．しかし複数形であるが，最近では集合名詞と考えられ，単数形，複数形のどちらの動詞もとるようになってきている．一群の data の場合は単数動詞，2以上の数群の data の場合には複数動詞を使うべきであるが，アメリカでも，官公庁の書類は単数動詞を，科学・技術英語では複数動詞がよく使われる．特に，コンピュータ用語としては data analysis や data bank のように普通名詞の単数扱いとなり，入力記憶される文字，数字などの情報を示す．
　　Analyze this (these) data on the crash.
　　No data was (were) available.
　data の一般的な使い方
　　× Many **datas** were obtained. → A lot of **data** were obtained.
　　× Several of the **datas** are shown in Fig. 3.
　　　→ Several of the **data** are shown in Fig. 3.

in detail
　"in details" という表現はなく，"in detail" が正しい．
　　× This will be explained **in details** in our next paper.
　　　→ This will be explained **in detail** in our next paper.
　　　→ **The details** of this will be given in our next paper.

discuss
　他動詞なので日本語の「～について話し合う」につられて，discuss about ～ としてはいけない．
　　「今すぐ，その問題について話し合いましょう」
　　　× Let's **discuss about** the problem right now.
　　　→ Let's discuss the problem right now.
　　「その件について明日，あなたと話し合いましょう」

× We will **discuss** with you **on that matter** tomorrow.
→ We will **discuss that matter** with you tomorrow.
このように discuss の後に on を付けずに，すぐ目的語をもってきて使う．
○ Two departments **discussed their plans** for the next year.
（二つの部門が来年の計画について討論した）

due to vs. owing to
日本人科学者のきわめて多くが間違える例である．
- due to（〜の結果）は the result of と同義で，形容詞的に用いる．このとき，限定的に用いても叙述的に用いてもよい．
due は形容詞であるから，必ず名詞を直接修飾しなくてはいけないし，文頭に置いてはならない．be due to は be ascribed or attributed to a cause or agent（に起因する）を意味する．
   ＜be 動詞＋ due to と述語形容詞的に使う＞
   ○ The accident was **due to** bad weather.
   ○ The discovery of gravity is **due to** Newton.
   ○ The color of diamond was **due to** impurities.
   ＜名詞＋ due to と名詞の後に付けた修飾語として使う＞
   ○ Losses **due to** unexpected delayed deliveries were greater than what we had calculated.
   ○ The change in state **due to** the temperature rise was investigated.
- owing to（〜のために）は because of, on account of と同義で，文頭に置くことができる．必ず副詞的に用いる．すなわち動詞を修飾する．
   ○ **Owing to** impurities the diamond was colored.
   ○ **Owing to** bad weather the race was delayed.
   ＜**due to** の間違った使い方と修正例＞
      × He lost the first game **due to** carelessness.
      → He lost the first game **because of** carelessness.
      → **Owing to** carelessness, he lost the first game.
      × **Due to** the rain the game was delayed.
      → The delay of the game was **due to** the rain.
      → **Because of** the rain the game was delayed.
      → **Owing to** the rain the game was delayed.
- 最近，米国の雑誌，例えば Phys. Rev. や Phys. Rev. Lett. など，では次に示すように，due to が形容詞的でなく，副詞的に使われている例が増えてきている．
   × The sensitivity decreased **due to** the phase transformation.
   これは以下のように修正すべきである．
      → The sensitivity decreased **owing to** the phase transformation.
      → The decrease in sensitivity was **due to** the phase transformation.
しかし，due to と owing to の問題を回避するためには，次のように書き直す

方がよい.
→ The sensitivity decreased **as a result** of the phase transformation.
→ The phase transformation **brought about** a decrease in the sensitivity.

etc.
項目を三つ以上列挙した後で etc. を付けるのはよいが，その場合でも and etc. は間違いである．etc.（= *et cetra*）は and the rest あるいは and so forth の意味で，すでに and を含んでいるからである．
「金や白金など」を英語でいう場合には
× gold, platinum, etc. → gold, platinum, and other noble metals
として，項目の含まれる大枠を明示する表現が好まれる．
「～など」は英語に訳さないままの方がよい場合が多い．訳すときは，for example, like, such as を使用した方がよい．この場合，注意すべきことはこれらによって導かれた項目の終わりに，日本語の癖で etc. を付けないことである．
× Last year I visited major European cities such as London, Paris, **etc**.
→ Last year I visited major European cities **such as London and Paris**.
○ He will probably have to study a number of different subjects, for example, biology, mathematics, and English.
× Technology results in producing word processors, electronic computers, liquid crystal displays, **etc**.
→ Technology results in producing new processes and new products such as word processors, electronic computers, and liquid crystal displays.

feasible vs. possible
いずれも「実現されることの可能性」を意味し，たいていの場合入れ替えて使ってもよい．
・possible は「存在する，または起こる」「正しい条件が与えられる」可能性を示す．possible は that で受けてよい．
It is possible that a thunderstorm will occur.
(雷雨が起こるかもしれない（という条件が整っている））
・feasible は「実行しうる」「可能な」「願った結果が得られるらしい」ことを意味する．feasible は that で受けてはいけない．
It is feasible for scientists to create rainfall artificially.
((ありがたいことには) 雨を人工的に作りだすことは科学者にとって実効しうることである）

fewer vs. less
数量の大きいものと比較して，それよりも「少ない」という意味で使う．
・fewer は加算名詞の複数形とともに用い，「数が少ない」を意味する．
・less は抽象的なもの，価値や程度が低いもの，期間，金額，距離，重量等が一つの量と考えられる場合に用いる．
less than four weeks; less than \$2000; less than 20 feet; less than 5 tons

This picture has fewer shades of red than the other one.
This picture has less color than the other one.
That watch is less expensive than this one.

following
the following example などとよく使うが，
Our main theorem **is the following**.
The three main theorems in this paper **are the following**.
と，主語が単数でも複数でも，the followings ではなく，the following でよい．
また the following は一つの項目あるいは項目の一覧を導くことができる．
× **The followings are** assumed.
→ **The following is** assumed.
→ **The following assumptions are** made.
× The important parameters **are followings**:
→ The important parameters **are as follows**:
また，「この章の主な結果は次のようである」は
The following is the main results in this chapter.
と書くとすっきりする．

know
「～を知って … だ」
- know は何かについてすでに一定期間知っている状態のときに使う．実験などをして発見（find out）した後に，知る（know）のである．
- 初めてわかったときには，find out, discover や realize の方がよい．find out や discover は新聞記事などを通して外部から学んだときに，また realize は自分自身が考えている中でわかったとき使う．
    × I was shocked to **know** that the company was on the brink of bankruptcy.
    → I was shocked to **find out** that the company was on the brink of bankruptcy.

learn vs. know
- learn は，勉強したり，練習したり，教えられてして「学ぶ」こと
We learn French at school.
Some boys learn slowly.
I am glad to learn that you passed the examination.
- know は，経験したり，人から聞いたり，学んだことを「知っている」こと
→ learning がすんで初めて knowledge となる．
I know that he is an honest man.
I have known her since she was a child.

matter
affair（事件），question（問題），request（依頼），trouble（心配），delay（遅延）などの代わりに matter が使われてきたが，それぞれの語をそのまま使った方があい

まいでなく，はるかに正確である．科学・技術英語にあいまいは禁物である．
　　× Please give this matter your immediate attention.
　　➡ Please give this request your immediate attention.
　　　（この依頼をすぐに検討してください）

number of
- a number of は複数動詞をとる．
- the number of は単数動詞をとる．

前者の代わりに many, several を用いると文章がよくなる．
　△ A number of tests were made. ➡ Several tests were made.
　○ The number of test has increased.

only
only は基本的には solely とか nothing more の意味で修飾する言葉のすぐ前に置く．only を置く位置によって文の意味が異なる．

　Only he promised to calculate the value of A.
　　（彼だけが，A 値を計算することを約束した）
　He **only promised** to calculate the value of A.
　　（彼は A 値を計算すると約束しただけ）
　He promised **only to calculate** the value of A.
　　（彼は A 値をただ計算することだけを約束した）
　He promised to calculate **only the value of A**.
　　（彼は A 値だけを計算することを約束した）

almost, even, hardly, just, nearly, quite も同様に修飾する言葉のすぐそばに置く．

on the other hand vs. on the contrary
- on the other hand は「何かについて述べた後，また別の事実を述べる」（A は○である．一方 B は△△であるという形で，二つのトピックを並列的に並べる．
　A reacts this way. **On the other hand**, B shows a completely different reaction. (A はこのように反応する．一方，B はまったく違った反応をする）
- on the contrary は「A は○○である．これに反して，B は△△である」と明らかに A と B が反対のときに用いる．「初めにもっていた若干の期待が裏切られた」とのニュアンスがある．
　We expected A to react in this way; **on the contrary**, it reacted in quite a different manner.（われわれは A がこのように反応すると期待した．その期待に反して，かなり異なった反応をした）

problem vs. question
- problem とは，数学の文章題のように，答を出すために論理的な思考と分析の過程を必要とする問題．動詞は solve を使い，solve a problem と言う．
　It will take at least forty minutes to solve these physics **problems**.
- question はそれ以外の問題，例えば計算問題，英語の長文問題などを言う．動詞は answer を使い，answer a question と言う．

In the test there were fifteen **questions** to answer.
promising candidate
この表現は間違いではないが，日本人には使用されすぎているので，使用を差し控えた方がよい．
× This material is **a promising candidate for use** in display devices.
→ This material is **eminently suitable for use** in display devices.
→ This material is **likely to prove extremely useful** in display devices.

propose vs. develop（ed）
propose は「あることをよく検討してみようと提案する」という意味だから，仕事（研究）が完了してから使うのは不適当な言葉．多くの場合，"propose" は "develop (ed)" のように，仕事が完了したことが具体的にわかる言葉で書き直す．
例外：新しい方法をすでに完成させてはいるが，公認してもらうために，許可団体などに申請中のときには "propose" を使うことができる．
× We **propose a new method** for ....
→ We **developed a new method** for ....
→ We **propose that a new method** that we developed for ... be accepted by ....

recently
日本人の書く英語で最も誤用されている語の一つである．recently は副詞で，「最近，近ごろ」などの意味で，現在に最も近い過去を表す語である．したがって，現在完了形，過去形と一緒に使われるべきであるのに，現在形と一緒に使うという誤りが非常に多い．
× Recently living in Tokyo is getting worse.
→ Living in Tokyo is getting worse these days.
○ Recently I have been reading a novel by John Updike.
論文では，非常に短い最初の文章の文頭に使われることが多い．
× Recently, ... has been found applicable to ....
しかし，文頭に置く場合は，次のように文章を追加する方がよい．
→ Recently, ... has been found applicable to ～ , and their current popularity for use in ～ has promoted active research.

respectively
respectively は二つ以上の事柄（項目）を，それぞれに対応する情報を「名を挙げた順に」述べるときに用いる．しかし濫用されており，非常に読みにくい文章を作ることが多いので，あまり使わない方がよい．
× Mean loss coefficients are 0.35 and 0.21 dB/km at 1300 and 1550 nm, respectively.
この文を理解するためには，読者は対応するものの関連付けをいちいち考えなくてはならない．例えば，1300 nm における loss が 0.35 dB/km であることをはっきりさせるためには，もう一度戻って読み返さなければならない．
以下のように書き直すとより明快になり，容易に理解できる．

➡ The mean loss coefficients are 0.35 dB/km at 1300 nm and 0.21 dB/km at 1550 nm.

しかし

× The horizontal and vertical components are denoted by H and V, respectively.

では，respectively は必要ない（horizontal が H に vertical が V に相当するので）

thus

thus には「このようにして（in this way）」の意味以外に，「したがって，だから（so, therefore, hence）」の意味があり，後者の意味で科学・技術論文ではよく使われる．

後述の事柄が前述の内容から論理的に引き出された結論であることを示す．通例，thus の前にコロンかセミコロン，または and を置く．これは Therefore が前の文章と Therefore で始まる文章との関係を重々しく宣言している感じで，so は非常に軽く表している感じであるが，thus はその中間で使いやすいからであろう．

Electric vehicles are more efficient and thus, generally less polluting than ordinary cars.

日本人の書く英語論文には，thus（ゆえに）と書くべきところを間違って then（それから，次には）と書かれている場合が多いので，注意が必要である．

unique 等の意味が絶対的な単語

very, more, less, extremely, mildly といった程度を表す副詞で修飾することはできない．

× The data fell on **a very straight line**. ➡ The data fell on **a straight line**.

straight line は straight であって，more straight だったり very straight だったりはしない．しかし

○ The data fell on **a nearly straight line**.

ということはできる．ここで nearly はデータのいくつかが描く線が直線に近いことを表しているからである．

このような絶対的意味をもつ単語には，次のものがある．

equal, false, final, flat, horizontal, impossible, initial, obvious, perfect, permanent, safe, straight, supreme, total, true, unanimous, vertical

varying vs. various

- varying は時間とともに変化している（changing）という意味である．
- various はさまざまな（different）値をとるという意味である．
    × **Varying concentrations** of the solution were used.
    （これでは，溶液の濃度が変化しているということになる）
  濃度の異なるいくつかの溶液を用いたときには
    ➡ **Various concentrations** of the solution were used.
    ➡ The concentration of the solution was **varied**.
    × Activity was measured **at varying conditions** of substrate.

→ Activity was measured **at various conditions of** substrate.
while
 while は「〜をしている間に」(during the time that) という意味が第一義で，副詞節を導入する接続詞である．これ以外に，「〜なのに」「一方では (whereas)」という意味もある．科学・技術論文では，one word, one meaning の単語を使うべきであり，while は第一義の「〜をしている間に」としてのみ使うのがよい．したがって，although (たとえ〜でも) または that is (すなわち)，whereas (〜であるのに)，and (および)，but (しかし) などの意味での使い方は避けた方がよい．

× **While** the report may be true, it doesn't go deeply into the problem.
→ **Although** the report may be true, it doesn't go deeply into the problem.
× **While** we were unable to measure position, we measured velocity.
という文は，

During the time that we were unable to measure position [later we succeeded in measuring position], we measured velocity.

という意味にもとれるし，

Whereas we were unable to measure position, we measured velocity.

という意味にもとれる．筆者はこの意味で while を使ったのである．

10 参考文献

　本書執筆にあたり，下記文献・図書を参照させていただきました．各筆者には，ここで深く感謝の意をささげます．

10.1 科学・技術英語論文の書き方の本

1. 日本物理学会 編，『科学英語論文のすべて 第2版』(338ページ)(丸善, 1999)
2. A. J. Leggett, "Notes on the writing of scientific English for Japanese physicists," 日本物理学会誌 21 (1966) 790-805.（日本語訳は参考文献1に所載，第4章，4.1節，「科学英文執筆についての覚書」，pp.149-183）
3. 中村輝太郎（編著），『英語口頭発表のすべて―国際社会での活躍をめざす科学者・技術者のために―』(270ページ)(丸善, 1982)
4. 小野義正（著），『ポイントで学ぶ科学英語論文の書き方』(104ページ)(丸善, 2001)
5. 小野義正（著），『本当に役立つ科学技術英語の勘どころ』(173ページ)(日刊工業新聞社, 2007)
6. R. Lewis, N. L. Whitby, and E. R. Whitby（著），『科学者・技術者のための英語論文の書き方』(219ページ)(東京化学同人, 2004)
7. 兵藤申一（著），『科学英文技法―The art of scientific writing in English』(240ページ)(東京大学出版会, 1986)
8. 宮野健次郎（著），『伝えるための理工系英語　適切な表現への手引き』(101ページ)(サイエンス社, 2003)
9. 野口ジュディー，松浦克美，春田伸（著），『Judy先生の英語科学論文の書き方（増補改訂版）』(206ページ)(講談社, 2015)
10. 中山裕木子（著），『技術系英文ライティング教本―基本・英文法・応用』(305ページ)(日本工業英語協会, 2009)
11. 杉原厚吉（著），『理科系のための英文作法』(中公新書1216)(173ページ)(中央公論社, 1994)
12. 上出洋介（著），『国際誌エディターが教える アクセプトされる論文の書き方』(223ページ)(丸善出版, 2014)
13. 井口道生（著），『科学英語の書き方・話し方　伝わる論文と発表のコツ』(223ページ)(丸善, 2009)
14. 原田豊太郎（著），『理系のための英語論文執筆ガイド　ネイティブとの発想の

ズレはどこか？』(ブルーバックス B-1364)(302 ページ)(講談社，2002)
15. 原田豊太郎（著），『間違いだらけの英語科学論文』(ブルーバックス B-1448)(382 ページ)(講談社，2004)
16. 富山真智子，富山健（著），『いざ国際舞台へ！理工系英語論文と口頭発表の実際』(164 ページ)(コロナ社，1996)
17. グレン・パケット（著），『科学論文の英語用法百科 第1編 よく誤用される単語と表現』(690 ページ)(京都大学学術出版会，2004)
18. 平野進（編著），『技術英文のすべて』(第7版，720 ページ)(丸善，1991)
19. F. Scott Howell, 野田春彦（著），『科学者のための英語教室―いい英文の書き方―』(200 ページ)(東京化学同人，1987)
20. 千原秀昭，Gene S. Lehmen（著），『科学者のための英語教室 II 論文・講演に役立つ基礎知識』(183 ページ)(東京化学同人，1996)
21. 谷口滋次，田中敏宏，飯田孝道，J.D. Cox（著），『英語で書く科学・技術論文』(202 ページ)(東京化学同人，1995)
22. 藤野輝雄（著），『理科系のための かならず書ける英語論文』(197 ページ)(研究社，2006)
23. 廣岡慶彦（著），『理科系のための入門英語論文ライティング』(115 ページ)(朝倉書店，2005)
24. 廣岡慶彦（著），『英語科学論文の書き方と国際会議でのプレゼン』(228 ページ)(研究社，2009)
25. R. A. デイ，B. ガステル（著），美宅成樹（訳），『世界に通じる科学英語論文の書き方 執筆・投稿・査読・発表』("How to Write & Publish a Scientific Paper (6th Edition)")」(321 ページ)(丸善出版，2010)
26. Robert Barrass（著），富岡秀雄，伊沢康司（訳），『科学者のための文章読本 (Scientists Must Write)』(163 ページ)(南江堂，1983)
27. Robert Barrass, "Scientists Must Write (2nd Ed.)" (204 ページ)(Routledge, London, 2002)
28. V. ブース（著），鈴木圭子（訳），『英語で書く科学論文のポイント 英語が外国語の人へ』(139 ページ)(地人書館，1988)
29. Vernon Booth（著），畠山雄二，谷川正弘（翻訳），『まずはココから！科学論文の基礎知識』(100 ページ)(丸善，2008)
30. ジャン・プレゲンズ（著），『ジャンさんの英語の頭をつくる本―センスのいい科学論文のために』(119 ページ)(インターメディカル，1997)
31. Ann M. Körner（著），瀬野悍二（訳・編），『日本人研究者が間違えやすい 英語科学論文の正しい書き方』(149 ページ)(羊土社，2005)
32. アン・M・コーナー（著），瀬野悍二（訳・編），『一流の科学者が書く英語論文 Catalyst for a Successful Scientific Career』(217 ページ)(東京電機大学出版局，2010)
33. 市原A・エリザベス（著），『ライフ・サイエンスにおける英語論文の書き方』(304

ページ）（共立出版，1982）
34. ミミ ザイガー（著），盛 英三（訳），『実例で学ぶ医学英語論文の構成技法』（254 ページ）（医学書院，1992）
35. Mimi Zeiger, "Essentials of Writing Biomedical Research Papers (2nd Ed.)" (440 ページ) (McGraw Hill, New York, 2000)
36. 上松正朗（著），『英語抄録・口頭発表・論文作成 虎の巻―忙しい若手ドクターのために―』（161 ページ）（南江堂，2006）
37. 篠田義明（著），『工業英語の語法』（306 ページ）（研究社，1977）
38. 篠田義明，J. C. マスィズ，D. W. スティーブンソン（著），『科学技術英語の実例と書き方』（191 ページ）（南雲堂，1986）
39. 小谷卓也（著），『エンジニアにも役だつわかりやすい英文の書き方』（205 ページ）（日本能率協会マネジメントセンター，1992）
40. 中村哲三（著），『英文テクニカルライティング 70 の鉄則』（223 ページ）（日経 BP マーケティング，2011）
41. Gary Blake and Robert W. Bly, "The Elements of Technical Writing" (173 ページ) (Longman Publishers, New York, 1993)
42. G. Blake and R.W. Bly（著），畠山雄二，大森充香（訳），『テクニカルライティング必須ポイント 50』（154 ページ）（丸善，2011）
43. Thomas N. Huckin and Leslie A. Olsen, "Technical Writing and Professional Communication for Nonnative Speakers of English (2nd Ed.) (768 ページ)" (McGraw-Hill, Inc., New York, 1991)
44. 木下是雄（著），『理科系の作文技術』（中公新書 624）（244 ページ）（中央公論社，1981）
45. 木下是雄（著），『レポートの組み立て方』（ちくま学芸文庫）（269 ページ）（筑摩書房，1994）

10.2 英語の書き方の本

1. William Strunk Jr. and E. B. White, "The Elements of Style (4th Edition)" (105 ページ) (Allyn and Bacon, Boston, 2000)
2. William Strunk Jr.（原著），E. B. White（改訂・増補），荒竹三郎（訳），『The Elements of Style (3ird Edition) 英語文章ルールブック（第 3 版準拠）』（231 ページ）（荒竹出版，1985）
3. 大井恭子（著），『英語モードでライティング』（講談社パワー・イングリッシュ PE29）（189 ページ）（講談社インターナショナル，2002）
4. 上村妙子，大井恭子（著），『英語論文・レポートの書き方』（263 ページ）（研究社，2004）
5. 加藤恭子，ヴァネッサ・ハーディ（著），『英語小論文の書き方 英語のロジック・日本語のロジック』（205 ページ）（講談社，1992）

6. 遠田和子，岩淵デボラ，『英語「なるほど！」ライティング』（255 ページ）（講談社インターナショナル，2007）
7. 日向清人，『即戦力がつく英文ライティング』（208 ページ）（DHC，2013）
8. ケリー伊藤（著），『英語ロジカルライティング講座』（207 ページ）（研究社，2011）
9. 伊藤サム（著），『第一線の記者が教えるネイティブに通じる英語の書き方』（183 ページ）（ジャパンタイムズ，2001）
10. 伊藤サム（著），『伊藤サムのこれであなたも英文記者』（189 ページ）（ジャパンタイムズ，2005）
11. 吉田友子(著),『アカデミックライティング入門 英語論文作成法(第 2 版)』(195 ページ) (慶應義塾大学出版会，2015)
12. マーク・ピーターセン（著），『日本人の英語』（岩波新書（新赤版）18）（196 ページ）（岩波書店，1988）
13. マーク・ピーターセン（著）『続日本人の英語』（岩波新書（新赤版）139）（185 ページ）（岩波書店，1990）
14. 外山滋比古（著），『英語の発想・日本語の発想』（NHK ブックス 654）（190 ページ）（日本放送協会，1992）
15. 小村照寿（著），『明快に伝える英語ライティングの技術』（244 ページ）（三修社，2006）
16. 三浦順治（著），『ネイティブ並みの「英語の書き方」がわかる本』（165 ページ）（創拓社出版，2006）
17. ドナルド・キーン（著），「日本語のむずかしさ」，梅棹忠夫，永井道雄（編），『私の外国語』（中公新書 255）（228 ページ）（中央公論社，1970），pp.154-163.
18. 岸本周平（著），『中年英語組－プリンストン大学のにわか教授』（集英社新書 0068E）（235 ページ）（集英社，2000）
19. 鳥飼玖美子（著），『歴史を変えた誤訳』（299 ページ）（新潮文庫）（新潮社，1998）
20. Alice Oshima and Ann Hogue, "Introduction to Academic Writing (3rd Ed.)"（221ページ）(Pearson Education, Inc., Longman, While Plains, 2007)
21. Rudolf Flesch, "Rudolf Flesch on Business Communications: How to Say What You Mean in Plain English"（163 ページ）(Barns & Noble Books, New York, 1972)
22. The Chicago Manual of Style (15th Ed.)（956 ページ）(The University of Chicago Press, Chicago, 2003)

10.3 英語辞書の使い方の本

1. 笠島準一（著），『英語辞典を使いこなす』（講談社学術文庫 1538）（272 ページ）（講談社，2002）

2. 磐崎弘貞（著),『こんなこともできる 英英辞典活用マニュアル』(182 ページ)（大修館書店，1990）
3. 磐崎弘貞（著),『ここまでできる 続・英英辞典活用マニュアル』(240 ページ)（大修館書店，1995）
4. 磐崎弘貞（著),『英語辞書力を鍛える（あなたの英語を変える快適辞書活用術)』(287 ページ)（DHC，2002）
5. 磐崎弘貞（著),『英語辞書をフル活用する 7 つの鉄則』(279 ページ)（大修館，2011）
6. 松本安弘, 松本アイリン（著),『英語の名教授—英英辞典活用のすすめ—』（丸善ライブラリー 181）(176 ページ)（丸善，1996）
7. 木村哲也（著),『辞書という本を「読む」技術』(175 ページ)（研究社ブックス get it)（研究社，2001）
8. 関山健治（著),『辞書からはじめる英語学習』(256 ページ)（小学館，2007）
9. 樋口昌幸（著),『英語辞典活用ガイド—辞書の情報を読み取るための必須知識』(164 ページ)（開拓社，2012）

索　引

a, b

a, an …… 103
abbreviation …… 38
abstract …… 30, 34, 36, 37, 101
acknowledgments …… 30, 34, 44
acronym …… 38
appendix …… 34, 49
authors and affiliations …… 34, 36

beat-around-the-bush style …… 25
beginning of sentences …… 62
body …… 17, 18, 33

c, C

C（countable 可算）…… 50
caption …… 46, 48
cause and effect …… 9
coherence …… 21
cohesion …… 21
concluding sentence …… 17, 19
conclusion …… 17, 19, 33, 34, 40, 43
consistency …… 66
corresponding author …… 36
countable noun …… 104, 107, 108

d, e, E

description …… 34
discussion …… 30, 32, 33, 34, 42, 44, 100

English thought pattern …… 11

exposition …… 34
E 型 …… 16

f, g

false friends …… 115
figures and tables …… 2, 34, 46

grammar …… 2
guide to authors …… 3

h, i, I

headings …… 49
high-context culture …… 10

IMRAD 方式 …… 32
informative abstract …… 36
instructions to authors …… 3
initial word …… 38
introduction …… 17, 18, 30, 32, 33, 34, 39, 100

J, l, L

Japanese thought pattern …… 11
JE 型 …… 16, 17

legends …… 46
Leggett, A. J. …… 16
Leggett's Trees …… 16, 17
linking …… 21
low-context culture …… 10

m, n, o

materials and methods 30, 32, 33, 34, 40, 41, 100

narration 34
numbers and numerical values 63

objectives and challenges 40
one sentence, one meaning 74

p, r

paragraph 19
parallel construction 66, 67, 69
past tense 102
planning and writing 2
planning a paper 2
present tense 102

references 30, 34, 44
results 30, 32, 33, 34, 40, 41, 100
rhetoric 2

s, S

simple sentences 74
straight-to-the-point style 25
structure 2
style manual 3
supporting sentences 17, 18, 29
SVO（構文）...... 4, 7

t, T

table 48
technical writing in English 1, 3
technical writing の特徴 3

Tell Them Three Times Approach 17
the 103
theory and experiment 34, 40, 100
thought pattern 11
title 34, 35
topic sentence 17, 18, 20, 29
transition words 83

u, U

U（uncountable 不可算）...... 50
uncountable nouns 107, 108

あ 行

あいまいな表現 25, 82
一貫性 21, 66
　　——のある論文 66
因果関係 9
引用文献 30, 34, 44, 45
英英辞典 55, 57
英語活用辞典 55
英語活用メモ 13, 14
英国式 66, 71
英語辞典の購入指針 61
英語の構造 23, 24
英語の発想 1, 6, 16
英語の論理 6
英語論文の書き方 29
英語論文の構成 32
英借文 13
英文執筆の文体 34
英和活用辞典 55, 60
英和辞典 50, 55
英和中辞典 50
大型英和辞典 60
大文字の使い方 36

か 行

科学・技術英語論文 …… 1, 3
　――の書き方 …… 31
科学・技術論文での前置詞の使用例
　…… 123
学習英英辞典 …… 57, 59
学習英和辞典 …… 50
過去形 …… 42, 43, 100, 101, 102
可算名詞 …… 50, 103, 104, 107, 108
頭文字語 …… 38
数と数値 …… 63
カタカナ英語 …… 115, 116, 118
括弧 …… 94, 98
関係代名詞 …… 82
冠詞 …… 103, 107
　――の省略法 …… 106
起承転結 …… 17, 22, 23
▽型 …… 24
脚注 …… 49
旧情報 …… 20, 22
具体的に書く …… 4, 7, 82
句読法 …… 93
計画と執筆 …… 1, 2
結果 …… 9, 30, 32, 33, 34, 39, 40, 41, 42, 100
結論 …… 17, 19, 33, 34, 39, 40, 43
研究の背景 …… 39
研究方法 …… 39, 40
研究目的 …… 39, 40
現在完了形 …… 102
現在形 …… 43, 100, 101, 102
限定的用法 …… 50, 82, 105
考察 …… 30, 32, 33, 34, 42, 100
肯定形 …… 26
後方重心型 …… 24
語法説明を読む …… 50
固有名詞 …… 109
固有名詞と冠詞 …… 107
コロケーション …… 51
コロン …… 93, 94
コンマ …… 94, 97

さ 行

最初の原稿 …… 32
材料と方法 …… 32, 33
逆茂木型 …… 17
作文技術 …… 1, 2, 62
△型 …… 24
参考文献 …… 34, 44
三拍子構造 …… 33
思考パターン …… 11
思考論理 …… 30
事実と意見 …… 10
支持文 …… 18, 29
辞書 …… 50
　――の使い方 …… 54
時制 …… 100
執筆規定 …… 3
執筆要綱 …… 3
自動詞 …… 92
謝辞 …… 30, 34, 44
集合名詞 …… 109
主語と述語動詞の一致 …… 73
受信型 …… 50
　―― 英英辞典 …… 57
　―― 英和辞典 …… 60
主題文 …… 18, 29
受動態 …… 7, 77, 78, 79
序論 …… 17, 18, 30, 32, 33, 34, 39, 100
新情報 …… 20, 22
数字表現 …… 69
ずばり要点主義 …… 25
図表 …… 1, 2, 34, 42, 46, 47, 48
スペース …… 93
スペリング …… 119

制限的 …… 82
説明文 …… 34
セミコロン …… 95
前置詞 …… 120
　――の慣用的用法 …… 122
　――の誤用例と修正例 …… 125
前方重心型 …… 24

た 行

他動詞 …… 92
単数形 …… 111
段落 …… 19
注意すべき単語・熟語 …… 132
抽象名詞 …… 109
中立的な書き方 …… 89
著者抄録 …… 30, 34, 36, 37, 101
著者と所属 …… 34, 36
つづりの統一 …… 66, 71
つなぎ言葉 …… 83
強い（アクションのある）動詞 …… 88
定冠詞（the）…… 103, 105
電子辞書 …… 51
動作主・手段・方法・媒介の前置詞
　…… 127
頭字語 …… 38
討論 …… 44
遠巻き話法 …… 25

な 行

日本語からの直接翻訳 …… 16
日本語の構造 …… 23, 24
日本人英語の欠点と改善策 …… 6
能動態 …… 7, 77, 79

は 行

ハイフン …… 97

漠然とした単語 …… 87
はっきり言い切る英語 …… 28
発信型 …… 50
　――英英辞典 …… 57
　――英和辞典 …… 50, 51
　――英和中辞典 …… 52
　――学習英和辞典 …… 53
パラグラフ …… 19
パラグラフ・ライティング …… 17
否定形 …… 26
一つの文には一つの情報を …… 74
表 …… 48
　――の構成 …… 49
　――の見出し …… 49
描写文 …… 34
表題 …… 34, 35
ピリオド …… 94, 96
不可算名詞 …… 50, 103, 107, 108, 109,
　110, 112, 114
複合名詞語句 …… 128, 129
物質名詞 …… 109
物主構文 …… 4, 11
不定冠詞（a, an）…… 103, 104
不必要な単語・表現 …… 85
不要な言葉 …… 86
付録 …… 34, 49
文意を明確にする言葉 …… 83
文献引用 …… 45
文章構造の一貫性 …… 66
文頭 …… 62
文の構造と文章の流れ …… 16
文法 …… 1, 2
平均語数 …… 8, 75
米国式 …… 66, 71
並列構造 …… 66, 67, 68
本論 …… 17, 18, 30, 34, 40, 100

ま・や 行

前書き …… 32, 33
間違えやすい接続詞 …… 91
間違えやすい否定形 …… 91
まとまり具合 …… 21
短い，簡素な文 …… 74
明確な英語論文 …… 62
明確な表現 …… 25
名詞 …… 107
　　――の形容詞化 …… 128
物語文 …… 34

用語の統一 …… 66

ら・わ 行

欄の見出し …… 49
リスト項目の一貫性 …… 67
略語 …… 37, 38, 130
類語反復 …… 90
レゲットの樹 …… 16
連結語 …… 83, 84, 85
論文の構造 …… 1, 2
論文の執筆計画 …… 2
論理的な誤り …… 90

和英辞典 …… 53, 54
和製英語 …… 117, 118
和文和訳 …… 11

著者の略歴

1977 年東京大学大学院理学系研究科博士課程修了，理学博士．イリノイ大学，ケース・ウェスタン・リザーブ大学でのポスドクののち，1982 年日立製作所入社．2005 年東京大学大学院工学系研究科特任教授．2010 年理化学研究所，科学技術振興機構（FIRST 外村プロジェクト）を経て，2014 年から理化学研究所客員主管研究員．著書は，「ポイントで学ぶ国際会議のための英語」，「ポイントで学ぶ英語口頭発表の心得」(以上丸善)，「本当に役立つ科学技術英語の勘どころ」(日刊工業新聞社) など．

ポイントで学ぶ
科学英語論文の書き方　改訂版

平成 28 年 7 月 30 日　　発　　　行
令和 元 年 10 月 30 日　　第 2 刷発行

著作者　小　野　義　正

発行者　池　田　和　博

発行所　丸善出版株式会社

〒 101-0051　東京都千代田区神田神保町二丁目 17 番
編集：電話 (03) 3512-3267 ／ FAX (03) 3512-3272
営業：電話 (03) 3512-3256 ／ FAX (03) 3512-3270
https://www.maruzen-publishing.co.jp

© Yoshimasa Ono, 2016

組版印刷・株式会社 日本制作センター／製本・株式会社 星共社

ISBN 978-4-621-30054-1 C3040　　Printed in Japan

JCOPY〈(一社) 出版者著作権管理機構 委託出版物〉

本書の無断複写は著作権法上での例外を除き禁じられています．複写される場合は，そのつど事前に，(一社) 出版者著作権管理機構 (電話 03-5244-5088, FAX03-5244-5089, e-mail：info@jcopy.or.jp) の許諾を得てください．